中国海洋大学教材建设基金资助

生态文明通识教程

王诗红　编

中国海洋大学出版社
·青岛·

图书在版编目(CIP)数据

生态文明通识教程 / 王诗红编. —青岛：中国海洋大学出版社，2013.6（2016.7重印）
ISBN 978-7-5670-0341-5

Ⅰ.①生… Ⅱ.①王… Ⅲ.①生态文明—高等学校—教材 Ⅳ.①B824.5

中国版本图书馆 CIP 数据核字(2013)第 129489 号

出版发行	中国海洋大学出版社
社　　址	青岛市香港东路23号
出 版 人	杨立敏
网　　址	http://www.ouc-press.com
电子信箱	appletjp@163.com
订购电话	0532—82032573(传真)
责任编辑	滕俊平
印　　制	日照日报印务中心
版　　次	2014年8月第1版
印　　次	2016年7月第2次印刷
成品尺寸	170 mm×230 mm
印　　张	11.75
字　　数	210 千
定　　价	23.00 元

邮政编码　266071

电　　话　0532—85902342

内容简介

本教程是根据中国海洋大学本科通识限选课"生态文明"自编讲义改写而成的。生态文明是工业文明之后的高级文明形态，2007年10月，"建设生态文明"写进中共十七大报告，中国第一次提出"生态文明"的概念，目前已成为国际社会为化解环境危机共同选择的文明发展方向。本教程对人类文明发展的历史进程作了简单扼要的回顾，着重探讨了工业文明给人类带来的巨大的生态灾难和社会问题，批判了人类妄图征服自然的错误的价值观。在此基础上，介绍了生态文明的基本概念。之后重点论述了生态文明的伦理道德观，对人类中心主义和非人类中心主义进行了分析对比，提出人们为实现人与自然、人与人、人与自我相和谐而应当遵循的生态道德基本原则和行为规范，并进一步从生产方式、生活方式、教育三个方面阐述了建设生态文明社会的具体途径，其中详述了个人追求和谐人生的方法和途径。最后通过对中华民族传统文化中人类生存智慧的介绍，与西方文化等方面的对比，以及中国近代走西方工业化发展模式的历史回顾，分析了中国在21世纪建设生态文明社会的困难和优势所在。

教程阐述理论精练，分析问题时以历史为镜，以科学资料为依据，深入浅出。选材内容充实丰富，从科学、伦理、心灵三个层次加以阐述，既有较广阔的时空视野，又能深入问题的本质和根源，与每个人的生活、生存都直接相关，利于个人的精神成长和正确价值观的形成。适合高等院校不同专业的本科生和研究生学习或课外阅读使用。

前　言

自1998年在中国海洋大学为本科生讲授"环境科学概论"课程以来,随着对环境问题的认识逐渐深入,我愈发感觉到,当今世界出现的大多数环境问题并不能仅仅通过科学技术手段来解决,它还牵扯到经济、政治、道德等多方面的问题,需要与同学们作进一步的深入探讨。于是,我在2009年秋季学期为本科生开设了通识限选课"生态文明",把"环境科学概论"所欠缺的、对同学们来说又非常重要的内容全面、系统地加以介绍。本书就是由授课过程中使用的自编讲义经过不断的补充和完善整理而来。

生态文明是个内容庞杂的主题,在为本书选材时我一直在思考,个人应该走什么样的道路,才能既利于自己的成长和人生的幸福,又能纳入生态文明的未来大潮之中呢？本着这种"以人为本"的原则和目的,本书并非以全面、系统地阐述生态文明理论为根本,而是有所侧重,希望能为个人生活及人生提供一些可借鉴的、可操作的、行之有效的、实践的原则和方法,而不在于学术上的价值高低。在当今世界正在经历巨大快速变化、价值观多元化的时代,我只希望本书中的内容能从一个新的视角给读者提供参考和灵感,如果有幸能使读者对书中的一些观点产生共鸣或认同,就是我最大的欣慰了。

本书在看待事物、分析问题时,力图同时涉及3个范畴(自然、他人、自我),3个层次(科学、伦理、心灵),3个角度(人类整体、自我个体、民族)。我希望通过从这9个方面去观察和分析,能够让人们更加客观、更加全面地了解这个世界,了解人类面临的生态问题与生存问题。生态文明最核心的内容是伦理道德观,而这在科学发达的工业文明时代越来越被忽视,而上述这种多维、立体的思维与分析角度有利于我们正确把握"道"(伦理道德)与"术"(科学技术)的关系。

本书得到了中国海洋大学教材建设基金的资助。感谢中国海洋大学校领导对生态文明课程的大力支持；感谢中国海洋大学社科部陆信礼老师为本书提出建设性意见,并热心提供资料；感谢中国海洋大学出版社的编辑们对书稿细致入微的修改审核工作。因生态文明所涉及的内容十分广泛,与现实问题又密切相关,而笔者本人才学浅薄,修为尚浅,教程中必然存在疏漏、偏颇及不当之处,衷心欢迎广大读者给予批评和指正,恳请提出意见和建议。

目 录

第一章 什么是文明 …………………………………………… (1)
    一、中国古代的文明概念 ………………………………… (1)
    二、西方的文明概念 ……………………………………… (1)
    三、文明的内涵 …………………………………………… (2)
    四、文明的本质 …………………………………………… (2)

第二章 人类文明的历史演变 ………………………………… (3)
  第一节 原始文明 ……………………………………………… (3)
    一、发展特点 ……………………………………………… (3)
    二、人与自然的关系 ……………………………………… (4)
    三、人与人的关系 ………………………………………… (4)
  第二节 农业文明 ……………………………………………… (4)
    一、发展特点 ……………………………………………… (4)
    二、人与自然的关系 ……………………………………… (5)
    三、人与人的关系 ………………………………………… (6)
    四、农业文明的兴衰 ……………………………………… (6)
    五、文明衰落的原因 ……………………………………… (8)
  第三节 工业文明 ……………………………………………… (9)
    一、技术革命的诞生和蒸汽机的发明 …………………… (10)
    二、工业文明不能承受的危机 …………………………… (13)
    三、世界不和谐的根源——对自然资源的争夺 ………… (22)

第三章 走向生态文明 ………………………………………… (26)
  第一节 生态文明：人类未来的曙光 ……………………… (26)
    一、对工业文明的反思 …………………………………… (26)
    二、走向生态文明 ………………………………………… (30)
  第二节 什么是生态文明 …………………………………… (32)
    一、生态文明的概念 ……………………………………… (32)

二、生态文明的标志 ………………………………………… (36)
　　三、生态文明的系统构成 …………………………………… (38)
　　四、生态文明的评价指标 …………………………………… (40)

第四章　生态文明伦理道德观 ……………………………………… (43)
第一节　人类中心主义与非人类中心主义 ……………………… (43)
　　一、人类中心主义 …………………………………………… (43)
　　二、非人类中心主义 ………………………………………… (50)
第二节　生态文明伦理道德的基本原则 ………………………… (60)
　　一、自然的价值 ……………………………………………… (60)
　　二、自然的权利 ……………………………………………… (66)
　　三、人与自然协同进化 ……………………………………… (73)
　　四、代际与代内公平 ………………………………………… (77)
　　五、人与自我和谐 …………………………………………… (80)
第三节　生态文明道德意识 ……………………………………… (84)
　　一、感恩自然 ………………………………………………… (84)
　　二、尊重生命 ………………………………………………… (87)
　　三、节制消费 ………………………………………………… (91)

第五章　建立生态文明和谐社会的途径 …………………………… (95)
第一节　生态文明的生产方式 …………………………………… (95)
　　一、生态经济 ………………………………………………… (95)
　　二、生态工业 ………………………………………………… (99)
　　三、生态农业 ………………………………………………… (104)
第二节　生态文明的生活方式 …………………………………… (107)
　　一、走向精神自我的和谐之路 ……………………………… (108)
　　二、树立正确的幸福观 ……………………………………… (115)
　　三、培养健康的情绪与良好的性格 ………………………… (117)
　　四、个人与生态文明 ………………………………………… (120)
第三节　生态文明教育 …………………………………………… (123)
　　一、教育现状及理想教育实例 ……………………………… (123)
　　二、环境教育与生态教育 …………………………………… (128)
　　三、早期教育 ………………………………………………… (133)

第六章　中国的生态文明:历史传统与现代挑战 …………………… (145)
第一节　中华文明及其环境发展的历史回顾 ………………… (145)
一、古代 ……………………………………………………… (145)
二、近代 ……………………………………………………… (149)
三、当代 ……………………………………………………… (155)
第二节　中华传统文化中的生存智慧 ………………………… (158)
一、儒家思想 ………………………………………………… (158)
二、道家思想 ………………………………………………… (162)
三、中西方文化渊源与哲学背景的对比 …………………… (165)
第三节　中国的生态文明之路 ………………………………… (167)
一、中国环境问题现状 ……………………………………… (167)
二、生态社会主义是中国特色社会主义的方向 …………… (168)
三、中国建设生态文明的机遇与挑战 ……………………… (169)

结语 ………………………………………………………………… (172)

参考文献 …………………………………………………………… (173)

第一章 什么是文明

不言而喻,在不同的历史时期和不同的语境中,"文明"一词有着不同的含义。比如,在日常生活中说的"文明",往往用来评价"好"的生活习惯和行为举止,或者作为"野蛮"的反义词使用。有时又会把"文明"与生存方式(包括生产方式、生活方式和人群组织方式)联系在一起。可见,"文明"一词的内涵是多方面的。

一、中国古代的文明概念

"文明"一词,在中国古代典籍中很早就已出现,如《尚书·舜典》中说:"浚哲文明,温恭允塞。"《周易·乾卦》中载称:"见龙在田,天下文明。"《易经·大有卦》说:"其德刚健而文明,应乎天而时行,是以元亨。"《周易·贲卦》说:"刚柔交错,天文也。文明以止,人文也。观乎天文,以察时变。观乎人文,以化成天下。"唐人孔颖达疏云:"文明,离也,以止良也。用以文明之道,裁止人也,是人之文德之教。"清代李渔在《闲情偶寄》中讲:"辟草昧而致文明。"古语有云:"经天纬地曰文,照临四方曰明",其意即改造自然,与天地合一,驱走愚昧。由上可知,文明是指社会面貌的开化、进步、光明的状态,或指人文教化的道理和方法。

二、西方的文明概念

美国学者摩尔根(Morgan L H)在他的名著《古代社会》(*Ancient Society*,1877)中,把人类从低级阶段到高级阶段的发展分为蒙昧、野蛮、文明三个阶段。在人类最近的 10 万年的历史中,蒙昧时期占 6 万年,野蛮时期占 3.5 万年,文明时期只有 5 000 年。他认为文明是人类社会发展到高级阶段时才出现的。

在西方国家中,文明通常同蒙昧(uncivilization)与野蛮(barbarism)相对立,它反映着社会进步的程度,是人类创造的积极成果。1961 年出版的法国《世界百科全书》提出:"文明"一词用法甚多,主要是指"开化的社会"、"社会的高度发达"、"文明事业"等。1964 年出版的《英国大百科全书》中称:"文明的内容包括语言、宗教、信仰、道德、艺术和人类思想与理想的表述。"1978 年出版的《苏联大百科全书》中称:"文明是社会发展、物质文化和精神文化的水平和程度。"简言之,文明是指人类社会的开化程度和进步状态。从人类社会实践活动来讲,文明则是人类改造自然、改造社会和自我改造的结晶。

三、文明的内涵

我们难以给文明下一个确切的定义，因为文明概念的内涵十分丰富。文明是人类的存在方式，它产生于人类与自然的矛盾，这一矛盾不断推动文明前行。人类产生于自然，之后又一步步地脱离了自然状态，获得了一种在自然中存在的新的方式，我们将这种方式称为文明。人类以文明的方式存在于自然之中，其他的动物则以本能的方式存在于自然之中。从本质上讲，文明的存在方式也就是实践的存在方式，它是人类所特有的存在方式。因为有了人类，所以有了文明，人类的历史从哪里发端，人类的文明就从哪里开始。文明程度的不同，造成了人类不同时代的区分和人类不同群体的差异。

四、文明的本质

文明不仅是人类特有的存在方式，而且是人类唯一的存在方式。现存的自然并不满足人，人决心改变自然，这就构成了人与自然的永恒矛盾，这对矛盾就是催生了文明又推动文明不断更新形态的动力之源。至今，我们已经历了三大文明形态：原始文明（采集、渔猎文明）、农业文明和工业文明。随着文明形态的更新，自然不断地被改变着，人类也不断地被改变着。虽然人们期望，随着文明的推进，人类应该逐渐被引入同自然相对和谐的状态，但实际情况正好相反，人与自然的矛盾不但没有得到缓解，反而对抗和冲突更加激烈，人与人的矛盾也是如此。今天，这种对抗和冲突已经达到无以复加的地步，甚至引发了人类生存的危机。

在更深层次上，文明反映了人类自身的矛盾，即狭隘的心智自我与理想的道德自我之间的矛盾。人类的行为总是与自己美好的愿望相背离。纵观历史，虽然人类文明程度在提高，然而，由于人类自身的矛盾难以协调，人类社会的和谐程度并未随之提高，反而在工业文明的驱动下不断下降。换言之，文明的进步主要反映在生产方式的进步、生产力的提升、生活条件的改善、文化与意识形态的丰富与多样化以及社会基本秩序的改变方面，而并没有伴随人类心灵与意识境界的提升。外在形式上的文明掩饰不了内在精神的蒙昧，甚至野蛮。

第二章 人类文明的历史演变

人类社会的文明史,先后经历了原始文明、农业文明、工业文明三个阶段。今天的西方发达国家正穿越高度工业化的文明阶段而进入后工业文明时代,这一阶段,人类对自然规律的认识达到了很高的水平,创造物质财富的能力有了极大的提高。但经济和社会发展的现实告诉我们,现代工业文明所引发和包含的种种危机,使得它作为一个文明体系已经与人类生存和持续发展的要求极不适应,生态危机就是工业文明总体危机的显著标志。面对传统文明体系的弊端,认真回溯人类文明的历程,我们就可以清醒地认识到人类选择和铸造新的文明形态的必然趋势;就可以清醒地认识到,生态文明既是人类文明在其转折时期必定会提出的理性要求,同时也具有充分的现实必要性。

第一节 原始文明

一、发展特点

在100多万年前,地球上出现了现代人类的祖先,同时出现了原始文明,亦称史前文明。在原始社会,生产力水平极低,人类依靠采集和渔猎生活。石器是主要的技术工具,利用人自身的体力是主要能源形式,全部生产过程由人自身完成。石器、弓箭、火是原始文明的重要发明。人类依赖于自然,在很大程度上表现为被动地适应,主要是利用自然环境和生物资源,很少有意识地改造自然。稀少的人口相对于丰富的地球资源而言微不足道。自然界的运动过程几乎不受人类实践活动的影响,虽然在当时一些局部地区已经出现了环境问题,但并不突出,主要是因过度采集和渔猎对局部生物资源的破坏,容易被自然生态系统自身的调节能力抵消。

这一时期,人类在为了生存而进行的实践过程中,开始了对外部世界的探索和对自身的反思,积累了生产和生活的初步的经验和知识,创造了一定的物质和精神财富,包括文字的出现、科学知识的萌芽与原始的世界观和人生观。

二、人与自然的关系

在原始文明阶段,人类的物质生产活动就是直接利用自然物作为生活资料,对自然的开发和支配能力极其有限。人们将自己看成是自然界不可分割的一部分。人类与自然的关系是一种完全的依赖关系,人类与自然处于混沌的原始统一状态,对自然界的影响很微弱。在强大的自然力面前,人类自感力量非常弱小,对自然界的适应能力较低,对自然的态度是敬畏、感恩、祈求和恐惧混在一起,人们崇拜自然界的自发力量,奉行自然崇拜和图腾崇拜的信仰。由于人们敬畏和服从着自然规律,人与自然之间存在着一种原始的和谐;人类必须服从自然,不能把握自己生存的命运。这一时期人类自然价值观的基本特征就是,人们从心灵深处崇拜自然、感恩自然,借以获得在自然中生存的力量。

三、人与人的关系

在原始社会,生产力水平很低,社会没有剩余产品,人们之间处于原始平等、和谐共处的状态。人们过着共同劳动、共同消费的原始共产主义的集体生活方式。由于生产资料归原始公社成员共同占有,人们在集体劳动中结成平等互助的合作关系,劳动产品实行平均分配,没有私有财产,没有剥削,没有阶级。分工是自然产生的。男子打猎、捕鱼、作战、制作工具;女子管家、制备食物和衣服。

第一次出现了人类社会组织。它最初是以松散的原始群形式呈现,后来随着婚姻制度的出现,产生了按血缘关系建立起来的氏族公社,成为基本的社会组织和经济组织。氏族成员处于平等地位,共同劳动、共同消费。随着金属工具的出现和社会分工的发展,私有制和阶级关系逐步确立,氏族解体,出现农村公社,人类原始文明开始向农耕文明过渡。

原始文明的出现预示着人类为了生存和发展,必将走向与自然日益分离、对立的文明形态。

第二节 农业文明

一、发展特点

距今一万年前,人类对自然进行初步开发,由原始文明进入到农业文明时代。农业是这一时期的中心产业,取代了采集和渔猎,土地是农业社会的主要财产。这一时期,以青铜器和铁器为主要工具,利用人的体力、畜力和薪柴为主要能源,通过开发土地资源,发展农业和畜牧业。这种技术形式比狩猎和采集有更高的效率,因而为人类提供了更丰富、更稳定的食物,并且开始有了剩余产品,从而使社会形态过渡到奴隶社会和封建社会。

农业文明开始出现科技成果,如青铜器、铁器、陶器、文字、造纸、印刷术等。由于生产力逐渐提高,而且人类学会了驯化一些野生动植物,于是出现了耕作业和渔牧业的劳动分工,主要的生产活动是农耕和畜牧。人类通过创造适当的条件,使自己所需要的物种得到生长和繁衍,不再依赖自然界提供的现成食物。这时,第一次出现了人工生态环境。

私有制产生,出现了阶级;商品生产开始出现;社会分工扩大,脑力劳动和体力劳动的分化、城市与乡村的对立作为整个社会的分工基础确立下来。第一个剥削形式——奴隶制出现。著名的四大文明古国(埃及、巴比伦、印度和中国)就是在这个时期出现的。

人类有了稳定的食物来源,开始开垦农田,开发水利,建筑城镇,手工工场出现,城市商品交换扩大,人口也开始大幅度增长,由距今一万年前的旧石器时代末期的532万人增加到距今2 000年前后的1.33亿人。人口增长又进一步促使人们大规模地发展农牧业生产,定居生活的人们也逐渐需要更多的赖以生存和发展的土地和牧场,争夺资源的战争也频繁发生。

人类利用和改造环境的力量和作用加大,社会文明程度有了很大提高,但环境问题也日益增多,主要表现在:森林、草原大面积破坏;局部气候破坏,部分土地沙漠化;土壤盐渍化和沼泽化等;一些大型城镇产生大量生活废弃物造成一定程度的环境污染。

二、人与自然的关系

在农业社会,由于人类的社会物质生产主要依靠自然力,自然条件对于农业生产和动物饲养具有重大影响,因而在人们的思想中,把天命(即强大的自然力)奉为万物的主宰,这也是最早的环境决定论思想(余谋昌,2010)。然而,农业文明的出现,也意味着人类与自然的关系进入了对抗的阶段。种植业保证了人类的生存和族类延续。对自然力的利用已经扩大到若干可再生能源(畜力、水力等),铁器农具使人类劳动产品由"赐予接受"变成"主动索取",经济活动开始主动转向生产力发展的领域,开始探索获取最大劳动成果的途径和方法。人与自然的关系已经从与自然相统一,走向与自然相分离,开始了所谓的自主生存和延续,为此,人类不断地扩展、开发、占有自然。人类中心主义思想就是在这一时期逐渐萌生的。

随着人类驾驭自然的能力日益增强,对自然的原始的敬畏、崇拜和感恩之心渐趋减弱乃至消失。人类中心主义思想就是在这一时期逐渐萌生的。这一时期,人类在与自然的冲突中创造了辉煌灿烂的古代文明,如古埃及文明、古巴比伦文明、古希腊文明、古印度文明、波斯文明、玛雅文明以及黄河流域文明。然而它们在追逐物质文明的道路上辉煌之后,最终走向衰落甚至覆灭。

三、人与人的关系

农业文明的一个重要特点是重视人伦和人事,人文科学已经达到了很高的成就。在农业文明社会里,私有制产生,出现了阶级、阶级对抗和阶级剥削。人与人的关系成了剥削与被剥削、统治与被统治关系。

在家庭关系上,个体家庭和一夫一妻制确立,妇女沦为家庭奴隶,男子在家中占统治地位。妇女被排除于社会的生产劳动之外而只限于从事家庭的私人劳动,与男子没有平等的地位。

由于贫富的分化,加之战争中的俘虏成了胜利者的私有财产,氏族显贵开始转化为奴隶主阶级。奴隶主占有生产资料和奴隶,并残酷地剥削和压迫奴隶。到了奴隶社会后期,阶级矛盾日趋尖锐,奴隶起义不断爆发,奴隶来源枯竭,奴隶制度最终被封建制度所代替。

在封建社会里,地主阶级占有绝大部分土地,农民不得不耕种封建地主的土地,在人身上依附于封建地主。封建地主将占有的土地出租给(或分给)农民耕种,把他们世代束缚在小块土地上,用地租形式剥削农民。同奴隶制相比,封建生产关系使农民有一定的人身自由,有自己的私有经济,因而在一定程度上调动了农民的生产积极性,使生产力得到发展。

四、农业文明的兴衰

(一)古埃及

古埃及文明是"尼罗河的赐予"。在历史上,每到夏季,古埃及地区来自尼罗河上游地区富含无机矿物质和有机质的淤泥随着河水的漫溢,总要给下游留下一层肥沃的有机沉积物,其数量既不堵塞河流与灌渠、影响灌溉和泄洪,又可补充从田地中收获的作物所吸收的矿物质养分,近乎完美地满足了农作物的需要,从而使这片土地能够生产大量的粮食来养育众多的人口。正是这无比优越的自然条件造就了埃及漫长而富于生命力的文明,并由此兴盛了将近 100 代人(公元前 3100~公元前 332 年)。尼罗河流域的土地之所以能使文明繁荣达数千年之久,主要取决于尼罗河河谷地区独特的自然生态特性。然而,长期以来,由于尼罗河上游地区的森林不断遭到砍伐以及过度垦荒、放牧等，导致水土流失日益加剧，尼罗河中的泥沙急剧增加，大片的土地荒漠化、沙漠化，昔日的"地中海粮仓"从此失去了辉煌的光芒，最终成为地球上生态与环境严重恶化、经济贫困的地区之一（卞文娟，2009）。

（二）古巴比伦

古巴比伦是世界上著名的人类文明的发祥地之一。它位于伊拉克首都巴格达以南90千米处，幼发拉底河右岸，建于公元前2350多年，是与古代中国、印度、埃及齐名的人类文明发祥地。楔形文字、太阳历、《汉谟拉比法典》、十二进制计时等光辉灿烂的文明成果，都来自这里。巴比伦意即"神之门"，由于地处交通要冲，公元前2000年至公元前1000年曾是西亚最繁华的政治、经济以及商业和文化中心，这里还曾是古巴比伦王国和新巴比伦王国的首都。古巴比伦城垣雄伟，宫殿壮丽，充分显示了古代两河流域的建筑水平。幼发拉底河自北向南纵贯全城，城内的主要建筑有埃萨吉纳大庙及所属的埃特梅兰基塔庙，高达91米，还有被称为世界七大奇迹的"空中花园"。而现在我们看到的，只是在沙丘下发掘出来的古巴比伦城的遗址。

（三）古印度文明

古印度文明被称为世界四大古文明之一，其文明的发端与所依赖的自然环境有密切的关系。印度半岛大部分地区是一个坡度徐缓的高原，境内江河纵横，土地肥沃，农业发达。在北面，喜马拉雅山脉如屏障耸立，南面是低矮的温德亚山与德干高原相隔。北印度平原被其普拿沙漠和阿拉瓦利山脉分为两个部分，沙漠以西的平原为印度河所灌溉，以东的平原为恒河及其支流所灌溉。河流将高原上的土壤带到平原上堆积起来，使土地肥沃，哺育滋养了悠远的印度文明（卞文娟，2009）。

可是，近代以来，由于人类无节制地开发，导致这个处于热带地区的文明古国的生态系统变得极其脆弱。森林植被受到毁灭性的破坏，雨水冲跑了肥沃的表土，河流中淤积泥沙，洪水泛滥，许多昔日的沃野良田变成沙漠或不毛之地，不合理的灌溉又加剧了土地的盐碱化。直到20世纪60年代，在联合国专家的指导下，通过抽取地下水治理土壤盐碱化，并在印度河上游建立曼格拉大坝调节灌溉渠道中的水量，才遏制住土地荒漠化的势头，保障了农业的发展。

（四）玛雅文明

生活在5 000年前中美洲危地马拉高原西北地区的玛雅居民，因森林茂密，雨水充足，有发达的灌溉农业和肥沃的土壤，曾创造了辉煌的玛雅文明。据考古发现,玛雅人掌握了高度的建造技术,曾建造了雄伟壮观的神殿庙宇,创造了高度的城市文明。玛雅人发明了象形文字,并掌握了只有少数早期文明所拥有的高深的数学;天文方面也有很高的成就,通过长期观测天象,已掌握日食周期和日、月、金星等运行规律,约在前古典期之末已创制出太阳历和圣年历两种历法,其精确度超过同代希腊、罗马所用历法,他们测算的地球年为365.242 0天,现代人测算为365.242 2天,误差仅0.000 2天。

不幸的是,这一灿烂文明很快就因人口激增、过度开发造成生态系统失去生命支撑能力而衰败。自古以来,玛雅农民采用一种极原始的"米尔帕"刀耕火种式耕作法。整个文明的根基建立在玉米农业之上。当古典期文明繁盛、人口大增时,农业的压力增大,人们更多地毁林开荒、缩短土地休耕时间,致使产量减少。玛雅文明在人口大发展之后,面临着生态环境恶化、生活资源枯竭的严重问题,作为人口主体的农民食不果腹,社会状况一落千丈。从9世纪开始,一场持续100多年的干旱气候控制了加勒比海地区,把整个玛雅文明推向了危机的边缘,而910年的大旱灾则可能给了玛雅文明致命的一击。根据各种考古证据的推测之一是,当城市周围贫瘠的荒地连成一片,饥饿就迫使玛雅人放弃了大城市,随后是中小城市。经过百年衰败动荡之后,中央低地各城邦都湮没在热带丛莽之中,绿色植物悄悄覆盖起一切。

五、文明衰落的原因

美国学者汤姆·戴尔和弗·卡特在其合著的《表土与人类文明》中,考察了历史上20多个古代文明的兴衰过程,包括尼罗河谷、美索不达米亚、地中海地区、希腊、北非、意大利、西欧以及印度河流域文明、中华文明和玛雅文明等,得出的结论是:绝大多数地区文明的衰败,源起于赖以生存的自然资源受到破坏。由于强化使用土地、破坏植被,表土状况恶化,失去对生命的支撑能力,导致所谓的"生态灾难"。其他因素如气候的变迁、战争掠夺、道德失范、政治腐败、经济失调或者种族的退化对文明的衰败有至关重要的影响,但还不至于造成一个民族或文明从根本上衰败或没落。

按卡特等人的解释,真正使文明衰落的根本原因是一个民族耗尽了自己的资源,特别是表土资源,因为只有表土资源才能决定初级生产者所能生产的剩余产品的数量,而这些剩余产品,才是维系文明发展的必要条件。卡特认为:"文明人主宰环境的优势仅仅持续几代人。他们的文明在一个相当优越的环境中经过几个世纪的成长与进步之后迅速地衰落、覆灭下去,不得不转向新的土地,其生存周期为40～60代人(1 000～1 500年)。"①

因而,戴尔等人推论:人类最光辉的成就大多导致了奠定文明基础的自然资源的毁灭。文明越是灿烂,它持续存在的时间就越短,用一句简洁的话来勾画人类社会历史发展的简要轮廓:"文明人跨越过地球表面,在他们的足迹所过之处留下一片荒漠。"一个民族无论多么强盛,只要在短时间里耗掉自己的资源,衰落是必然的。文明的形成、维持与生长不仅需要意识形态方面的条件,更重要的还需要物质资源方面的条件。在物质资源诸要素中,表土资源也许是最重要的,它能提供人类最基本的生活必需品。人类最早采用的刀耕火种的农业技术,通过砍伐和焚烧森林,破坏了地球上的植被,使千里沃野变为山穷水尽的荒凉土地,使地球生态系统失衡,失去生命支撑能力。所以,农业文明是人类对生态系统的一次重大冲击。

幸运的是,中华文明和欧洲文明并不在此衰落之列。中华文明由于古代圣人提出的成熟的"顺应自然、效法自然"的生存之道,所以传统农耕文明对自然的破坏是渐进的、具有一定节奏的,每当破坏到一定程度时就开始收敛,但破坏的总趋势从未中止。中华文明虽然没有彻底衰落,然而千百年来,在人口增长的持续压力下,人们破坏了黄河沿岸的生态后,又开始转向长江沿岸。

几百年前,欧洲农耕文明的发展也面临着人口与资源的激烈矛盾。幸运的是,西欧的生态环境一直没有遭到过严重的破坏。由于西欧大部分地区的气候四季分明,有利于保护土壤,加之西欧当地居民较早采用了农作物的轮作制,而且注重保护森林植被,从而较好地保护了土壤的肥力与自然生态的平衡。

翻开人类浩瀚的文明史,有许多证据表明,曾经显赫一时的文明几乎都是由于生态环境的恶化而消失的。大规模的都市化、填海造田、水利工程的实现,使人类常常以自然征服者自居。但当人类陶醉于自己的"伟大功绩"时,大自然的报复也悄悄来到。从人类文明的发展史中,我们极不情愿地得出一个结论:摧毁文明的"罪魁祸首"正是人类自己。

第三节 工业文明

工业文明是指近代16世纪以来,以机械化、电气化、自动化为标志的工业生产所带来的人类文明,至今已有400多年历史。工业文明造就了人类征服自

---

① 〔美〕汤姆·戴尔,弗·卡特.表土与人类文明[M].庄峻,鱼姗玲译.北京:中国环境科学出版社,1987:4-5.

然、改造自然的巨大的社会生产力,把人类社会从农业时代推进到工业化时代,促进了人类社会的进步与发展。

一、技术革命的诞生和蒸汽机的发明

(一)哥伦布发现新大陆

1486年,航海家哥伦布(Christopher Columbus)向西班牙国王提出一个大胆的主张,认为按照"地圆说",从大西洋向西航行,可以到达中国和印度。1492年4月,女王伊萨伯拉与其丈夫斐迪南国王采纳了他的建议。1492年8月3日拂晓,哥伦布的三艘帆船载着87名水手从巴罗斯港出发,69天后到达巴哈马群岛。他以为这就是印度,故而把当地土民称作"印第安人"。船队继续向南,到达古巴和海地。1493年3月15日,哥伦布离开西印度群岛返回西班牙。以后,他又三次西航到美洲,陆续发现了牙买加、波多黎各、多米尼加等,并到达中美洲的洪都拉斯和巴拿马等地,为西班牙人的殖民事业打下了基础。

(二)麦哲伦环球航行

1519年9月20日,葡萄牙著名航海家和探险家费尔南多·麦哲伦(Ferdinand Magellan)在西班牙国王资助下,率领一支由5艘帆船266人组成的探险队,从塞维利亚港起航。他从西班牙出发,渡过大西洋到达南美洲火地岛,历经千辛万苦,在1520年11月28日穿过一个曲折的海峡(今称麦哲伦海峡),到达美洲西岸。然后经过100多天的航行,终于首次完成了横渡太平洋的壮举。在菲律宾地区,麦哲伦因替土著首领参与岛上部族之间的冲突而被杀,他的助手埃里·卡诺携余众乘2条船逃离,他们越过马六甲海峡进入印度洋,途中被葡萄牙海军俘去1船。他们最后的船只"维多利亚"号载着18名船员仍然继续向西航行,最终于1522年9月6日返回西班牙,完成第一次环球航行,历时3年。麦哲伦也被誉为是第一个环球航行的人。麦哲伦船队的环球航行,用实践证明了地球是一个圆体。这在人类历史上,永远是不可磨灭的伟大功勋。

(三)哥白尼提出"日心说"

1543年,荷兰天文学家哥白尼(Nicolaus Copernicus)在发表的《天体运行论》一书中提出"日心说"。从科学的角度讲,哥白尼的体系有缺陷,但基本思想是正确的。在他的著作中不仅有理论,还有证实理论的观测和计算,可以说他完成了天文学学科的一场革命。更重要的是,哥白尼断言宇宙是统一的,"天"和"地"受同一规律支配。他用天文观测资料去说明太阳系结构,向宗教神学挑战。这种精神解除了人们的思想禁锢,推动了科学的发展,被称之为"哥白尼革命"。

意大利人乔尔丹诺·布鲁诺(Giordano Bruno)信奉哥白尼学说。在他不遗余力的宣传下,哥白尼学说传遍了整个欧洲,因此他被保守者认定是宗教的叛逆。1576年布鲁诺由于遭到教廷通缉,先后流亡瑞士、法国、英国、捷克斯洛伐克、奥地利、匈牙利等国,长达13年之久。布鲁诺每到一个地方,都积极批判宗教神学,热情宣传哥白尼的学说,反对托勒玫的"地心说"。1584年,布鲁诺在《论无限性、宇宙和诸世界》一书中大胆地提出了宇宙无限的思想,甚至还预言,生命不但存在于地球,也可能存在于我们还观察不到的遥远的行星上。

从哥伦布发现新大陆到麦哲伦证明地球是圆的,再到哥白尼提出"日心说",这些都为在17世纪中期刮起的新思潮旋风做了思想准备,人们开始否定宇宙的神秘性。在这以前,大多数人,包括知识分子,都认为宇宙是由神秘的力量所驱使和占据的,除了巫师外,人们根本无法了解宇宙。到了1660年前后,一种新的世界观横扫神秘学,自然界被认为像最精致的钟表一样有规律地运转。人们认为,人可以像知道钟表的运行规律一样了解自然界。

(四)牛顿发现万有引力

牛顿(Isaac Newton)在科学上的贡献非常巨大。他于1643年1月4日诞生于英格兰林肯郡的小镇乌尔斯普的一个自耕农家庭。对天文学来说,他的主要成就有两方面,即天文光学的研究和万有引力定律的发现。牛顿的许多发现都收在他的不朽杰作《自然哲学的数学原理》中。该书于1687年问世,一个崭新的天文学分支——天体力学也由此而诞生了。在这本深奥难懂的书中,牛顿用数学方法证明了万有引力定律和三大运动定律,这四大定律被认为是"人类科学史上最伟大的一个成就"。

许多历史学家认为,如果从近代科学的角度看,正是牛顿用17世纪科学革命的钥匙,开启了发生于18世纪人类文明史上的第一次技术革命的大门。

(五)瓦特发明蒸汽机

英国伟大的发明家詹姆斯·瓦特(James Watt)被称为"工业革命之父"。他发明的蒸汽机,成了工业革命的"心脏"。没有"心脏"的搏动,工业革命的机器不可能转动。蒸汽机也被称为"工业革命的火车头",它牵引着整个世界走向工业文明。

1736年,瓦特出生在英国苏格兰格拉斯哥市附近的一个小镇——格里诺克。瓦特在格拉斯哥大学当教学仪器修理工人时,于1764年第一次接触纽可门式蒸汽机。在修理的过程中,瓦特熟悉了蒸汽机的构造和原理,并且发现了这种蒸汽机的两大缺点:活塞动作不连续而且慢;蒸汽利用率低,浪费原料。此后,瓦特开始思考对其改进的办法。1769年瓦特制出了第一台蒸汽机,并因发明冷凝器而获得他在革新纽可门式蒸汽机的过程中的第一项专利,使蒸汽机热效率有了显著提高。1781年,瓦特研制出了一套齿轮联动装置,把活塞的往返直线运动转变为齿轮的旋转运动。由于对传统机构的这一重大革新,瓦特的这种蒸汽机才真正成为了动力机。1781年底,瓦特以发明带有齿轮和拉杆的机械联动装置获得了第二个专利。1782年,瓦特又试制出了一种带有双向装置的新汽缸,并首次把引入汽缸的蒸汽由低压蒸汽变为高压蒸汽,由此瓦特获得了他的第三项专利。

从最初接触蒸汽技术到瓦特蒸汽机研制成功,瓦特走过了20多年的艰难历程,终于完成了对纽可门蒸汽机的三次革新。通过这三次技术飞跃,纽可门蒸汽机完全演变为了瓦特蒸汽机,成为世界工业腾飞的巨大动力。后来,瓦特进入了皇家学院,成为英国著名的人物,享有崇高的社会声誉,也成了技术权威。人们沿着瓦特的成就继续前进,陆续发明了更加高级的蒸汽机,并把蒸汽机运用到了更加广泛的行业。

(六)三次工业革命

18世纪从英国发端的技术革命是技术发展史上的一次巨大革命,它开创了以机器代替手工工具的时代。这场革命是以蒸汽机作为动力机被广泛使用为标志的。这一次技术革命和与之相关的社会关系的变革,被称为第一次工业革命。从生产技术方面来说,工业革命使工厂制代替了手工工场,用机器代替了手工劳动;从社会关系来说,工业革命使依附于落后生产方式的自耕农阶级消失了,工业资产阶级和工业无产阶级形成和壮大起来。

1870年以后,科学技术的发展突飞猛进,各种新技术、新发明层出不穷,并被迅速应用于工业生产,大大促进了经济的发展,这就是第二次工业革命。当时,科学技术的突出发展主要表现在三个方面,即电力的广泛应用、内燃机和新交通工具的创制、新通讯手段的发明。从19世纪60年代开始,出现了一系列电气发明。德国人西门子制成发电机,比利时人格拉姆发明电动机,电力开始用于带动机器,成为补充和取代蒸汽动力的新能源。电力工业和电器制造业迅速发展起来。人类跨入了电气时代。

发生于20世纪的第三次工业革命是人类文明史上继蒸汽技术革命和电力技术革命之后科技领域里的又一次重大飞跃。它以原子能、电子计算机和空间技术的广泛应用为主要标志,涉及信息技术、新能源技术、新材料技术、生物技术、空间技术和海洋技术等诸多领域的一场信息控制技术革命。这次科技革命不仅极大地推动了人类社会经济、政治、文化领域的变革,而且也影响了人类的生活方式和思维方式,使人类社会生活和人的现代化向更高境界发展。正是从这个意义上讲,第三次工业革命是迄今为止人类历史上规模最大、影响最为深远的一次科技革命,是人类文明史上的一个重大事件。

第一次工业革命和第二次工业革命带来了一个结果,即生产力的不断提高,于是也就产生了生产力"爆炸"。而生产力的"爆炸"又产生了商业垄断,带来了资本的高度集中,同时也带来了对环境的严重破坏和污染。第三次工业革命是科学技术的进步,如原子技术、生物技术等。科技为工业带来了新的能源,如核能发电的能力是惊人的。但是,核能的开发利用以及核武器的研制和使用,对于地球环境的影响更是令人担忧。总的来说,三次工业革命先后打开了"潘多拉的魔盒",在推进人类物质文明的同时,也将环境破坏、资源耗竭、道德滑坡的恶果带给了人类自己。

二、工业文明不能承受的危机

(一)人与自然关系的极端冲突——环境、生态与资源问题

1. 大气污染

18世纪工业燃料的大量燃烧造成了严重的大气污染,到了20世纪,城市和工业区的大气污染已经相当严重,甚至超出大气的自净作用。

(1)全球气候变化。

大气中存在的微量气体,可让太阳短波光自由通过,同时吸收地面发出的长波辐射,其浓度增加,会加剧"温室效应",使地球表层气温升高。这些温室气体包括二氧化碳(CO_2)、甲烷(CH_4)、氟氯烃(CFC)、臭氧(O_3)、一氧化二氮(N_2O)等。二氧化碳浓度的增加主要来自化石燃料的燃烧,加上森林的大量砍伐。甲烷可由土壤废物腐解、采煤泄漏、反刍动物肠道细菌发酵等产生。全球10.5亿头牛排放的甲烷占全球温室气体总排放量的18%,占全球甲烷排放量的1/3(2007)。一氧化二氮主要来源于化肥施用、有机物燃烧、土壤反硝化作用。氟氯烃是人造化学物质(工业产品),在制冷器和气溶胶喷雾罐中经常使用。

目前,气候系统变暖已毋庸置疑。从全球平均气温(图2.1)和海温升高、大范围积雪和冰的融化及海平面上升的观测中得到的证据可支持这一观点。自1961年以来的观测表明,全球海洋平均温度的增加已延伸到至少3 000米深度,海洋已经并且正在吸收80%以上被增添到气候系统的热量。这一变暖引起海水膨胀,造成海平面上升,南北半球的山地冰川和积雪总体上都已退缩。冰川和冰帽(不包括格陵兰和南极冰盖)的大范围减少造成了海平面上升。1961～2003年,全球海平面上升的平均速率为1.8±0.5毫米/年。1993～2003年,该速率有所增加,为3.1±0.7毫米/年。

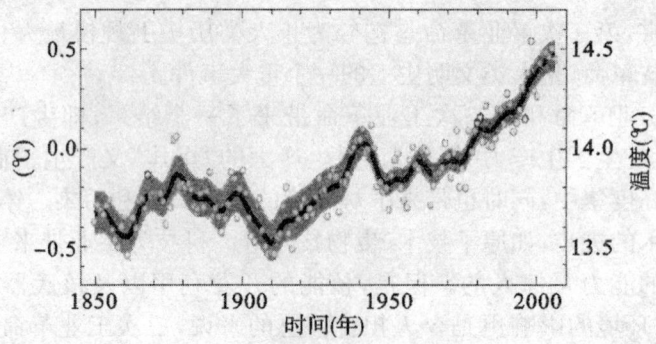

图 2.1　全球平均地表气温变化

人类活动使得目前的环境正以许多方式发生退化,而全球变暖将加速这些退化。所有大陆和多数海洋的观测证据表明,许多自然系统正在受到区域气候变化,特别是受到温度升高的影响。最重要的影响可能在水供应方面以及在全球粮食生产的分布上。全球变暖将引起许多地区温度和降水的变化,可能涉及基础设施的改变(如海洋防御设施、水供给系统)。

海水温度的变化导致海洋中出现无生命地带,这些广大的水域由于氧气被剥夺,又释放出硫化氢(H_2S),生物绝迹。全球目前已经出现 200 多处无生命地带(2008)。例如,距离美国 Oregon 海岸不远的太平洋无生命地带,其范围在 2007 年较之前已扩大了 4 倍。使海水中含氧量降低的主因都与全球暖化有关,其一是水温升高导致海水吸氧能力下降;其二是洋流和天气的变化使氧气无法被带到该区域。有些科学家指出,这种情况可能是地球上的海洋即将发生变化的前兆。

未来全球气候变化的趋势在科学界尚存在许多争论。大规模的火山爆发和太阳活动的变化必然会影响到气候的冷暖变化;1971 年对格陵兰(Greenland)冰芯同位素谱分析结果表明,地球气候有 10 万年的轨道周期变化,其中 9 万年为冷期,1 万年为暖期。目前气候的暖期已接近尾声,全球变暖之后,人类迎来的很可能是冰川期。

(2)臭氧层破坏。

臭氧层破坏也是人类文明活动使大气遭受严重污染的结果。人类过多使用氟氯烃类等消耗臭氧层物质,是臭氧层破坏的主要原因。氟氯烃组成元素为碳(C)、氟(F)、氯(Cl),1925 年由美国人 Thomhs Midgley 发明,1930 年由美国 Dupont 公司投入生产,20 世纪 60 年代后开始大量使用。其主要包括:CFC-11(CCl_3F)、CFC-12(CCl_2F_2)、CFC-22($CHClF_2$)、CFC-113($C_2Cl_3F_3$)。氟氯烃在低空极易分解,可以上升到高空的平流层,在紫外线辐射作用下,释放出 Cl 原子,将 O_3 分子转化为 O_2。

1984年,英国科学家首次发现南极上空出现臭氧洞。1985年,美国气象卫星探测到这个洞(图2.2),面积等于美国领土,高8000米,其 O_3 浓度为正常值的一半,通常出现在春季。后来人们发现臭氧空洞逐渐扩大,最大时达2 720万平方千米,超过欧洲面积的2倍。南半球一些有人居住的地区暴露在太阳紫外线的直射之下。北半球也出现臭氧层减少的现象。照射到地表的太阳紫外线增多,会严重损伤陆地生物及人类,并威

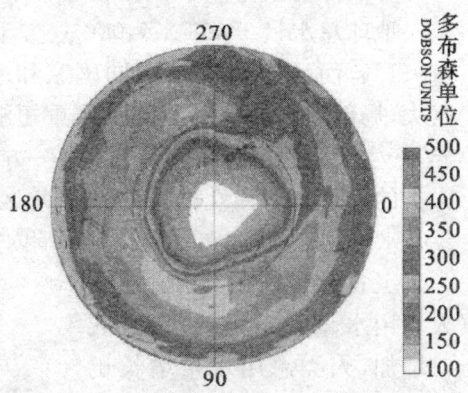

图2.2 南半球臭氧浓度等值线图

胁海洋生物的生存。UV-B辐射会损坏人的免疫系统,使呼吸道传染病增多;紫外线会损伤角膜和眼晶体,引发白内障;诱发皮肤癌。

(3)酸雨。

人类使用化石能源过程中排放出大量的二氧化硫(SO_2)、氮氧化物(NO_x)等大气污染物,经过大气中的物理和化学过程转化为酸,随各种形式的降水降落地面,形成酸雨。到20世纪中期,北欧地区先后出现酸雨,使湖泊中鱼类种群减少。20世纪50年代后,整个欧洲普遍出现酸雨现象并逐渐扩展到发展中国家。20世纪80年代后酸雨遍及全世界,主要位于或临近人口和工业密集地区。欧洲pH4.0~4.5、美国pH3~4的酸雨很常见。酸雨重灾区包括北美、欧洲、日本、印度南部以及中国长江以南。

酸雨对土壤、水体、森林、建筑、名胜古迹等人文景观均造成严重危害。酸雨使土壤酸化,土地肥力下降,有毒物质活跃,毒害植物根系,导致植物发育不良或死亡。酸雨还杀死水中的浮游生物,减少鱼类食物源,破坏水生生态系统;酸雨污染河流、湖泊和地下水,直接或间接危害人体健康;酸雨对金属、石料、水泥、木材等建筑材料均有很强的腐蚀作用,因而对电线、铁轨、桥梁、房屋等造成严重损害。

酸雨对森林的影响主要是通过对土壤的理化性质的恶化作用造成的。在酸雨的作用下,土壤中的营养元素钾、钠、钙、镁会释放出来,并随着雨水被淋溶掉,所以长期的酸雨会使土壤变得贫瘠。此外,酸雨能使土壤中的铝从稳定态中释放出来,而活性态的铝会严重抑制树木的生长,酸雨可抑制某些土壤微生物的繁殖,降低酶活性,固氮菌、细菌和放线菌会明显受到酸雨的抑制。酸雨还可使森林的病虫害明显增加。

2. 水体污染与淡水资源短缺

地球总水量 1 403 377 000 立方千米,其中淡水不足 3%,可利用的淡水总量<1%,而且分布不均,不同国家和地区的淡水资源丰富程度、可获得性差别巨大,局部地区的水资源供应严重短缺,这一方面造成地表生态环境的区域差异,产生了生物群落的多样性,另一方面也造成了某些地区生态环境的恶劣和人类的不适宜居住性,成为社会环境区域差异的重要原因之一。淡水在长时间内保持水量的平衡,但在一定时空范围内其数量极为有限,因此也是极为珍贵的。

工农业生产的发展,导致人均用水量逐年增加,加之人口增加,人类总用水量增长迅速(图 2.3)。世界用水量在 1900~1975 年,年增长率为 3%~5%,平均每 20 年增长 1 倍。世界资源协会统计,1950~1990 年用水量年增长率为 4%~8%。联合国环境规划署在《2000 年全球环境展望》中指出,世界上已有约 20% 的人缺乏安全的饮用水,50% 的人生活在没有卫生系统的地区;预测到 2025 年,全世界将有 2/3 的人口面临严重缺水局面,尤其在工业和人口集中的城市,水资源的供需矛盾将异常尖锐。对淡水资源的过度利用,会导致地表水量减少,水体生产力下降,严重时导致水源枯竭;对地下水的过度抽取,导致地下水位下降,在局部地区形成地下水位漏斗和地表下沉,在沿海地区甚至会造成海水入侵。

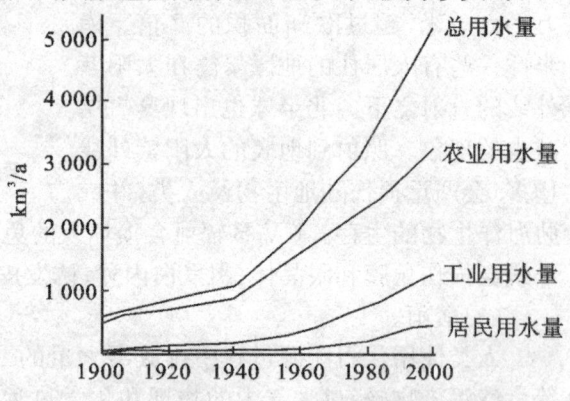

图 2.3 全球用水量增长情况

随着工业化和城市化的发展,排放到水体中的污染物日益增多。全世界每年有 420 立方千米的污水排入江河湖海,全球径流量的 14% 以上受到污染。世界上有 1/4 的人口患病是由水污染引起的。水体污染加剧了水资源短缺问题,使居民生活用水雪上加霜。

水体污染一方面危害人类健康(如生物污染物、有机和无机化合物、放射性物质等的污染),可引起人类急性或慢性中毒,导致出生婴儿先天缺陷、遗传紊乱以及癌症;另一方面会干扰或破坏自然生态系统(如悬浮物、植物营养物、需氧污染物、石油等的污染)。其污染源主要来自工业、农业和城市生活污水。

3. 固体废物泛滥成灾

工业过程和城市生活必然会产生废物,而传统工业并不考虑废物的循环利用。随着经济的不断发展,工业生产规模不断扩大,生活水平日益提高,随之而来的废物排放量也与日俱增。21世纪初,全世界工业每年产生约21亿吨固体废物,城市垃圾成灾。发达国家垃圾增长率为3.2%～4.5%,发展中国家为2%～3%,全球年产垃圾80亿～100亿吨。如此大量的垃圾产量严重破坏了生态环境,对居民的健康和生存构成了严重的威胁。

固体废物既侵占土地,又污染环境。目前,垃圾受纳场地越来越少,存放垃圾的地方就要用完了,垃圾占地的问题日益尖锐。1979年,美国的20 000个陆地垃圾场中,有15 000多个已经达到了装载容量的永久限度而被关闭。实际上,每一个都市正在面临或即将面临寻找新垃圾场或是采用其他手段来处理它们的垃圾的迫切需要。例如,北京市经远红外高空探测结果显示,市区几乎被环状的垃圾群堆所包围。由于垃圾的数量如此之大,以至于存放垃圾的地方就要用完了。废物堆置或没有适当防渗措施的垃圾填埋,经雨水作用,其中的有害组分很容易随着渗滤液浸出,污染土壤和地下水;固体废物直接倾入河流、湖泊和海洋,使地表水体受到严重影响。

据估计,全世界每年的危险废物产量为3.3亿吨,其中美国占80%,欧共体国家占7.6%～10.6%,日本占7.3%①。发达国家产生的危险废物有20%被运往发展中国家。由于发展中国家缺乏处置危险废物的基本技术和手段,而且有些人为了捞取好处,使危险废物大量涌入,导致污染事件不断产生,这些国家的环境和人民健康受到严重危害。联合国于1989年3月通过了《巴塞尔公约》,限制发达国家将有害物质转移到其他国家,至2008年9月,《巴塞尔公约》之缔约会员已增加至170多个国家和地区以及1个国际组织(欧盟)。

4. 自然资源耗尽

世界自然保护基金会(WWF)在2002年发表的《活着的地球》中指出,人类,正以远远超过地球负荷的高速度消耗着有限的地球资源,占世界人口30%的国家每年耗用的矿物资源占世界总耗用量的90%,其中尤以美国为首,其人均资源消耗量是同属发达国家的2倍,是一些非洲国家的24倍以上。富有国家的资源浪费式生活模式是导致地球自然资源被高速消耗的主要原因。如果这种趋势不改变,人类赖以生存的自然资源会很快耗尽,而资源再生的环境也会受到毁灭性的破坏,人类的生存将岌岌可危。

WWF在《2006年地球生命力报告》中说,人类对自然资源的利用超过其更新能力的20%,而且这种"透支"程度以每年20%的速度增加。如果各国政府再不进行干预,2030年后人类的整体生活水平将会明显下降;如果不降低生活

---

① 何强,井文涌,王翊亭. 环境学导论(第3版)[M]. 北京:清华大学出版社,2004:252-253.

水平,到2050年就需要2个地球才能满足人类对自然资源的需求。

工业文明以来,世界能源消费呈指数增长,而且增长率越来越高。19世纪中期能源消费年增长率约为2%,20世纪60年代达到5.6%,21世纪初为3.5%。20世纪50年代以来,随着工农业迅速发展、交通工具数量的增加,世界能源消耗速度剧增。根据2006年已探明储量及消耗速度预测,石油将在2049年耗尽,天然气将在2067年耗尽,煤炭可使用到2154年。① 据2004年资料计算,Au、Hg、Ag、Zn、Al、Pb、Cu、W、Sn等常用金属矿种将在2030年内迅速耗尽;其余的在21世纪末将被耗尽;铁矿资源比较丰富,可供人类开采1000年左右②。

5. 物种灭绝加速

根据化石研究结果,地球上生存过的物种至今有99%已经灭绝,这是基因突变、种群隔离和自然选择作用的结果。物种的平均寿命约为500万年。物种灭绝本来是自然界中的正常过程,在未受干扰的自然生态系统中,物种灭绝速率约为 $0.1 \text{ sp} \cdot a^{-1}$。而到了工业文明时代,因受人类的巨大影响,这一速率提高了成千上万倍。

据统计,1600年全世界有哺乳动物4 226种,鸟类8 684种,到1970年哺乳动物灭绝了36种,另有120种濒临灭绝;鸟类至少灭绝了94种,另有187种濒临灭绝。近300年来物种灭绝的趋势如图2.4所示。世界自然保护联盟(IUCN)定期出版的"红皮书"(Hilton Taylor,2000)统计,24%的哺乳动物(1 130种)和12%的鸟类(1 183种)被认为在全球范围内受到灭绝威胁。尤其

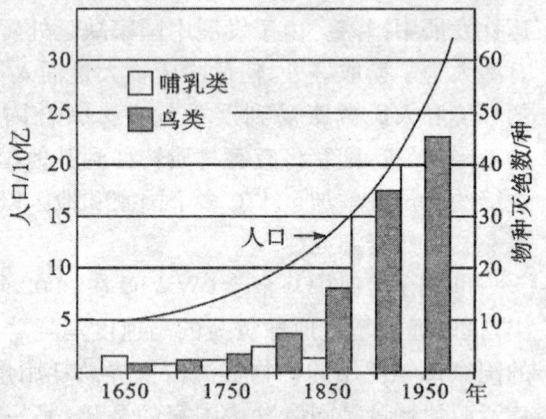

图2.4 近300年来世界物种灭绝趋势
(Greenwood & Edward, 1979)

令人担忧的是20世纪最后1/4时期内物种灭绝飞速发展的趋势。1975年前后每年灭绝的物种达几百种,到1985年增加到几千种,1990年增至1万种,估计2000年每年灭绝的物种有2万～5万种。这样,从1975～2000年短短25年内,全世界物种的损失就达50万～100万种,其中大部分为植物和昆虫,而且其

---

① Wikipedia. 化石能源[M/OL]. http://zh.wikipedia.org/wiki/化石能源.
② 何强,井文涌,王翊亭. 环境学导论(第3版)[M]. 北京:清华大学出版社,2004:278.

大部分的价值及其在生态系统中的作用人们都不了解。

物种灭绝加速的原因是多方面的,首先是人类对生物资源的过分利用(20世纪90年代占总减少量的37%),如捕猎、捕捞,为获得具有商业价值的毛皮、象牙进行的捕杀,宠物交易,科研,对"有害"生物的控制等。其次是自然生境的破坏。森林砍伐、刀耕火种、草地过度放牧和垦殖、边缘地带的农业开发,使环境发生根本变化。大量污染物进入环境,一些生物因急性中毒而死,另一些生物慢性中毒,或者释放的信息素受到干扰,生长、发育和繁殖受到影响,生态竞争力下降,繁殖活动受到破坏,常导致后代发育畸形、存活率下降,并进一步改变生物群落的种群结构,使生态平衡受到影响。

物种多样性是人类文明赖以生存和发展的物质基础,物种大量灭绝是人类生存危机的先兆。人类所有的食物都来源于生物。人类食用的一切家畜、家禽和农作物均源自野生动植物。野生生物基因是培育新品种的源泉。野生物种越多,培育新品种的潜力越大。生物多样性是工业、商业的物质基础,也是重要的医药来源。中国使用的药用植物有1 700种,印度有2 500种。发展中国家80%的人民主要靠草药治疗疾病。全世界的药物有一半是由植物提炼制造的。另外,野生生物也具有文化娱乐上的价值。

生物多样性有利于维持生态系统的平衡。据估计,有95%的有害生物受到其他生物的捕食或竞争而得以控制,其种群数量稳定在一定水平。由于人类对种间关系的复杂度缺乏足够的认识和了解,人为地移除表面上看并不重要的物种,其结果往往会造成生态系统的重大改变。物种大量灭绝是生态系统走向崩溃的前奏。

工业文明时代,机械论、二元论十分流行,人们常常把自然界、生态系统、生物,甚至整个地球理解成由许多配件组装成的机器。这种不成熟的理性使人们往往忽略了自然界的整体性,看不到生态系统各组成成分之间复杂的相互作用及其内在的运动规律,致使一些表面上看似合理的、简单的行为,却常常招来巨大的生态灾难。

综上可见,20世纪的工业文明时代,由于人类自身的发展,对环境的开发利用强度之大,是目前所了解的人类历史上从未有过的。继污染引发的第一次世界环境问题高潮之后,1984年英国人发现南极上空出现臭氧空洞,构成第二次世界环境问题高潮。这一时期环境问题的核心,是与人类生存休戚相关的全球气候变化、臭氧层破坏、酸沉降三大全球性大气环境问题。这些问题再加上生态失衡、资源耗竭,最终所影响的是整个人类。所以,仅仅从科学或经济层次,依靠少数国家来解决环境问题实在是难以奏效,需世界各国将其上升到政治和道德层次,共同努力来寻求破解之法。这是国际社会对此大声呼吁的原因。

(二)人与人关系的现代危机——社会问题

当今工业文明时代人类面临的生存危机不仅反映了人与自然关系的失调,而且也越来越反映出人与人之间关系的失调,并产生了新的社会危机,即人类在改造自然、改造社会的同时创造出了不完全合理的社会关系、社会制度、社会体制、社会组织。它们在一定程度上破坏社会的和谐,损害人类整体利益,威胁人类的生存和发展,甚至成为敌视人类的异己力量。这主要表现在如下三个方面(崔永和等,2002)。

1. 国家/地区之间关系的危机

集团利益的狭隘性,是造成人类生存危机的社会制度原因;集团利益的激烈竞争更加剧人类的生存危机。其狭隘性在国际经济关系中,一方面表现为发达资本主义国家对经济秩序的主导和对广大发展中国家的剥削和控制;另一方面表现为日益激化的以科技为基础的综合国力的竞争,表现为市场经济的全球化影响。其狭隘性在国内经济关系中,一方面表现为民族、地区间的发展不平衡和日益强化的民族、地区间的资源开发竞争;另一方面表现为传统的发展观主导的政府行为。

在生产力发展水平的差异与经济交往的不平等性质基础上形成的阶级集团利益的狭隘性,既是世界上霸权主义和强权政治的经济基础、世界局势动荡不安的社会根源,也是造成军备竞赛、核威胁、恐怖主义猖獗、发展中国家贫困问题严重和生态破坏严重的国际原因。

政治经济发展的不平衡以及在此基础上形成的国际政治经济秩序的不合理不公正、国际分工和国际交往关系上的不平等,是引发国际冲突的根源,也是导致国家之间在发展过程中展开竞争和角逐的主要原因。因此,发展和综合国力的竞争,成为当今世界发展的本质内涵。而竞争和较量集中体现在各国政府对经济持续增长的不懈推动上。在经济增长中以资源替代型增长模式为任期内政府最直接、最具显效的选择方式,这在资本主义发展的中前期及现代发展中国家中尤其突出。资源替代型增长主要靠资源的投入和消耗、牺牲自然环境的质量为代价换取经济发展,而不是主要靠科技进步和生产组织管理方式的革新。因此说,日益激化的国际竞争和急功近利的经济发展加剧了人类的生存危机。就人类发展观而言,"发展"必须包含精神发展。精神发展的核心内容不是理智发展或科技进步,而是德性的培养和智慧的提升(卢风,2009)。"发展"一旦凌驾于道德之上,必然会偏离正道,走向灾难。

2. 个人和社会关系的危机

人与社会是个体与整体的关系,二者原本是统一的、平等的、和谐的。自从人类社会产生了不平等的剥削制度以来,专制、垄断、腐败、堕落、战争等社会弊病横行,人便受到社会的压制、抛弃与奴役,从此人与社会处于对立和冲突之中。

在工业文明社会,人类在改造世界的活动中,自身的发展失去控制,使部分人丧失了价值和尊严。这主要表现在:①人口自身生产失去控制,出现了人口数量、质量和结构性的危机。②市场经济的发展使商品货币成为万能之物,一些人拜倒在商品货币面前,被异化为商品货币的奴隶,失去了人格、尊严、价值。③一些人在追逐物质享受的同时,道德迷失甚至沦丧,腐败成风、人情冷漠、精神孤独和失落。人们过分关注自己的小圈子,缺乏起码的社会责任感。"各人自扫门前雪,休管他人瓦上霜"、"事不关己,高高挂起"是对这种状况的较好概括。而这样一来,社会公益事业的发展就缺乏起码的基础。常见的现象有:个人中心,自我封闭;以邻为壑;只顾眼前利益,没有长远眼光;物欲横流。

3. 不同利益主体之间关系的危机

当今社会不同利益主体之间关系的危机不仅表现在人与人之间,而且还表现在人与社会之间和国家与国家之间。其明显表现就是普遍的社会分化和贫富悬殊。

在当今社会信息化、全球化带来社会经济空前大发展的同时,由于信息化发展水平的差异,出现了"知识穷人"与"知识富人"之别,或"信息穷人"与"信息富人"之分,结果是"知识穷人"与"信息穷人"的社会财富占有量相对较少,而"知识富人"与"信息富人"的社会财富占有量则相对较多,甚至出现了"富者更富,贫者更贫"的贫富差别悬殊的现象,带来社会的不稳定,影响了社会的可持续发展。

马来西亚前总理马哈蒂尔在《全球知识合作》会议上指出,信息时代正面临着三大分化:一是富有国家和贫穷国家的分化;二是信息和知识富有地区与贫乏地区的分化;三是同一社会里获得信息和知识的人们与没有获得信息和知识的人们之间的分化。他还指出,如果没有政府的调控,由市场经济主导的知识经济发展,将导致贫富两极分化。据联合国发展计划署1992年的人类发展报告说,从1960～1989年,占世界20%人口的富国(12亿),拥有全球财富的份额从70.2%增加到82.7%;而占世界人口20%的穷国拥有的财富总数从2.3%跌至1.4%。联合国发展计划署发表的人文发展报告称,1960～1993年,发达国家收入是发展中国家的3倍;发达国家为154亿美元,发展中国家为57亿美元。世界上最富有的20%的人口和世界上最穷的20%的人口收入之比,1960年是30∶1,1991年为61∶1,1995年升为81∶1。贫富的差别不但没有缩小,反而加大了。可见,消灭贫困更是任重道远。

从文明的高度看待当今人类社会、看待工业化的世界,免不了有让人悲观失望的感觉。然而,认清世界的本来面目,有利于我们更深刻地、积极地把握自己,找到未来的方向。

三、世界不和谐的根源——对自然资源的争夺

对环境和资源的占有和掠夺,是人类频发战争的最重要和最直接的动因。长期以来,由于民族和国家征战,人们在对待自然资源的心态上,就往往存在民族、国家利益优先的原则。但是人人优先的结果是必然冲突和纷争,谁都很难独霸地球,其结果却是损害了人类的整体利益。人类虽然只有一个地球,但却存在两个世界:政治的两个世界,发达国家与发展中国家;经济的两个世界,富人的世界和穷人的世界。两个世界的差距不断扩大,矛盾日益尖锐,种种纷争和战乱连年不断,不仅导致生灵涂炭,社会财产严重损失,而且导致自然资源与环境的大规模破坏。人类社会不仅没有和平与安宁,没有稳定与发展,而且地球生命和自然界也同样没有和平与安宁,没有稳定与发展。

第二次世界大战后,世界经济发展较快,人类失去理性地掠夺和消耗着地球上的自然资源,从而造成了自然资源极度匮乏。在当代,明为捍卫主权、人权、反恐,而实际以控制和索取他国资源来维持和发展本国经济为主要目的的局部战争频频爆发。中东战争、海湾战争和伊拉克战争,都和资源有关。更为常见的则是一些发达国家仍在采取以邻为壑的环境殖民政策。

(一)两次世界大战与资源掠夺

第一次世界大战(1914年8月至1918年11月)是一场主要发生在欧洲但却波及全世界的世界大战。当时世界上大多数国家都卷入了这场战争。战争过程主要是同盟国和协约国之间的战斗。德意志帝国、奥匈帝国和意大利是同盟国;英国、法国、俄罗斯帝国和塞尔维亚是协约国。在1914年至1918年期间,很多亚洲、欧洲和美洲的国家都加入了协约国。战场主要在欧洲。这场战争是欧洲历史上破坏性最强的战争之一。大约有6 500万人参战,1 000万左右的人失去了生命,2 000万左右的人受伤。第一次世界大战以德国为首的同盟国战败而告终。

战后各国于巴黎召开会议,史称"巴黎和平会议"。虽然美国总统伍德罗·威尔逊主张宽大对待德国,但法国却为了复仇,主张严惩德国。因此,诸国与德签订的议和条约——《凡尔赛条约》,加入了向德国索要巨额赔款割地及限制军备条款。战胜国与其他战败国亦分别签署了和约,包括《圣日耳曼条约》、《讷依条约》、《特里亚农条约》、《色佛尔条约》。以《凡尔赛条约》及其他各个和约所构成的战后欧洲及国际关系的新体系,就是所谓的凡尔赛体系,这对战后欧洲及

国际关系的发展有着重要影响,也为德国在 20 年后挑起规模更大的第二次世界大战埋下了祸根。

《凡尔赛条约》将发动战争的责任全部推给了德意志帝国,从而对德意志帝国实行条件极为严厉的经济与军事制裁,德意志帝国失去了 13% 的国土和 12% 的人口,并被解除武装,其陆军被控制在 10 万人以下,不准拥有空军。但德意志帝国的元气并未受到第一次世界大战过多的伤害,工业体系依然保存完整;德意志帝国国民对《凡尔赛条约》有极强的抵触和反感情绪,引发了德意志帝国普通民众强烈的民族复仇主义情绪。1933 年,阿道夫·希特勒所领导的纳粹党已经从一个微不足道的小党一跃成为国会内第一大党。希特勒上台后迅速重建了德意志帝国的秩序,出台政策让社会底层的劳动阶级享有福利,从而使德意志帝国内部政局稳定。

1939 年 9 月 1 日凌晨,波德战争爆发,之后中国的抗日战争打响,这意味着一场世界性的战争——第二次世界大战全面爆发。第二次世界大战是迄今为止人类社会所进行的规模最大、伤亡最惨重、破坏性最大的全球性战争。在这场战争中,先后有 60 多个国家和地区参战,波及 20 亿人口(占当时世界人口的 80%),战火燃及欧洲、亚洲、非洲、大洋洲和太平洋、印度洋、大西洋、北冰洋。作战区域面积为 2 200 万平方千米,交战双方动员兵力达 1.1 亿人,因战争死亡的军人和平民超过 5 500 万,直接军费开支总计约 1.3 万亿美元,占交战国国民总收入的 60%～70%,参战国物资总损失价值达 4 万亿美元。

1945 年 5 月初,邓尼茨以元首身份下令德军停止向除苏军以外所有盟军攻击并投降,1945 年 5 月 9 日凌晨,纳粹德国正式向盟军投降。

1945 年 9 月 2 日的东京受降仪式在美国战列舰"密苏里"号上举行,美国五星上将、驻日总司令道格拉斯·麦克阿瑟向全世界人民发表讲话:"今天,枪炮沉没了,一场大悲剧结束了。一个伟大的胜利赢得了。天空不再降临死亡,海洋只用于贸易交往,人们在阳光下可以到处行走。全世界一片安宁和平,神圣的使命已经完成。……我们体验了失败的痛苦和胜利的喜悦,从中领悟到决不能走回头路。我们必须前进,在和平中维护在战争中赢得的东西……"

(二)环境/生态殖民主义

环境资源是人类社会生存和发展的基础,人类对环境资源的争夺从没有间断。第二次世界大战以前,帝国主义国家主要通过军事手段实现对殖民地资源的掠夺。第二次世界大战以后,发达国家依靠其先进的科技、经济、军事实力,在不对别国实行军事占领的情况下,通过殖民地扩张,把国内的经济、生态和资源矛盾与成本都转移出去,以实现对别国资源进行掠夺;同时对内实行民主福利制度,极大地缓解了国内的矛盾。这就是环境殖民主义,又称为生态殖民主义。也就是说,许多环境危机虽然主要是由发达国家造成的,但是发达国家却不愿在保护资源和生态环境方面承担应有的责任,且只顾自己的发展,试图把因发展产生的环境灾难转嫁给发展中国家。

资源掠夺分为两种:一是直接掠夺。就全球范围而言,发展中国家正在为发达国家的环境和资源成本买单。如发达国家对大气环境资源的掠夺,发达国家释放的温室气体占90%,破坏臭氧层物质CFC的排放量占85%。垃圾出口量巨大的发达国家,将一些难以处理的废弃物转移到发展中国家,直接排放到发展中国家的环境中,造成这些国家环境的严重破坏以及对人民健康和安全的威胁。二是间接掠夺,即发达国家通过不平等贸易,间接实现了掠夺发展中国家资源的目的。发达国家以15%的人口控制了世界85%以上的资源。发达国家从本国环境保护和产业结构调整的需要出发,通过自己定的游戏规则实行生态殖民主义。一方面,从发展中国家获取廉价的原材料,再以高价向他们出口制成品;另一方面,打着援助发展中国家的旗号,将大量高耗能、高污染的产业(石化、纺织、冶金、电子、电镀、化工、印染、造纸等)向发展中国家转移。污染产业转移到发展中国家后,奉行环保双重标准,结果使生产的利润流向发达国家,而造成的环境污染等环境问题却留在当地,从而加剧了发展中国家的环境污染。

例如,日本的森林覆盖率高达65%,但却不肯多砍自己的一棵树,而从东南亚等地大量进口木材,年进口木材量高达1亿立方米,就连一次性木筷也要全部从包括中国在内的一些少林国家进口。再如,美国以不足世界人口的5%,消费掉占全球25%的商业资源,排放出占全球25%的温室气体,每个人的资源消耗量相当于3个日本人、6个墨西哥人、12个中国人、33个印度人、422个埃塞俄比亚人和1147个孟加拉人的消耗量,其婴儿的能源消耗量则相当于一个第三世界国家婴儿的30~40倍(2003)。

此外,发达国家不断提高本国的环境标准。目前,环境保护已成为发达国家重要的非关税贸易壁垒。发达国家利用环境保护要求(如环境标准、环境标志产品等),限制别国(主要是发展中国家)产品进入本国市场,从而对发展中国家的产品出口设置了新的障碍,这使得发展中国家在国际贸易中的处境更加艰难。发达国家只顾自己发展的做法,本来无可厚非,但是试图把发展的环境灾难转嫁给发展中国家的做法,却是不能被接受的。

(三)环境法西斯主义

在同一个社会中,不公正地分配环境利益和负担还常常表现在对待社会的弱势群体身上。美国环境伦理学家贾丁斯指出:"几乎所有的社会都把负担分给处于最不利地位的人,像穷人和有色人种。这样,这类政策更确切地应当属于环境法西斯主义的。"①

在美国,社会学家发现,政府在清除有毒废弃物场所和惩治污染者方面有种族隔离倾向。与黑人社区、西班牙人社区及其他少数民族社区相比,白人社区行动快、效果好而且惩罚严厉;有色人种最有可能居住在已经或将要堆置、填埋、焚烧有毒废弃物或建有排放污染的工厂的地区。环境退化也助长了贫困和不平等,往往穷人可获得的自然资源少,当环境退化时,可得到的环境资源更少,而且,在多数情况下穷人首当其害。这种"环境贫困"进一步助长了经济贫困和更大的不平等。

在中国,工厂周围的居民很容易受到来自工厂排放出的废弃物的影响,从而使他们生活的环境质量遭到破坏,而居民与工厂相比显然力量弱小;河下游居民的用水质量往往要受制于河上游的居民,河上游的居民如果污染了河水,下游的居民经常无能为力;在平房前面盖一栋高楼,因遮挡了阳光和影响了通风,平房的居民显然也是受害者。在这样的情况下,某一个人单枪匹马地向企业要求环境权益通常是无济于事的,也难以引起媒体和政府部门的重视,即使能通过法律途径解决问题,也可能因成本过高导致半途而废。

(四)石油危机引发新的战争

位于挪威的国际和平研究所是目前国际学术界非常流行的"和平学"的诞生地。该研究所所长斯坦·托纳森认为,对石油的争夺,是未来最有可能引发战争的导火线。传统的国与国之间的战争往往是为了争夺领土,但现在可能是因为争夺资源,包括石油、矿产,甚至水资源。从目前看,中东局势之所以引起世界的关注,主要原因就是该地区巨大的石油利益。而未来,每个产油区出现的争端,都可能会引发一场新的战争或冲突,甚至包括目前看似平静的北极,因为,据调查,北极圈内可利用石油储量估计为 900 亿桶(2008)。

---

① 〔美〕戴斯·贾丁斯.环境伦理学[M].林官明,杨爱民译.北京:北京大学出版社,2002:271.

第三章 走向生态文明

第一节 生态文明：人类未来的曙光

一、对工业文明的反思

(一) 工业文明的根本缺陷

在工业文明时代，物质主义的流行伴随着人类精神家园的失却，对物质的贪求推动着人类对自然的掠夺、征服和破坏。西方社会在失去了"上帝"这个价值中心之后，"人"便成了最高目的，而"人"通常又体现为具体的"个人"，于是，个人是至高无上的，人生的意义就在于享乐，科学技术似乎可以为满足人们的享乐欲望提供保障，并体现为不断获取自然资源的疯狂（卢风，2009）。由此可见，工业文明所导致的前所未有的社会危机和生态危机，并不是孤立地出现。无论是生物圈，还是人类社会都是一个不可分割的整体，这就决定了人类面临的生存危机是以相互作用、相互影响的整体性问题的形式表现出来。在工业文明的框架内，采用"头痛医头、脚痛医脚"的方法，不能从根本上解决问题。这些危机并不是今天才有的，而是从工业文明诞生那天起就因其弊端而成为许多思想家反思和批评的对象。

早在 18 世纪，法国哲学家、启蒙思想家卢梭就曾对使工业文明过分膨胀的工具理性侵蚀人的道德理性、破坏人与自然和谐的可能性和危险性发出警告。马克思、恩格斯也对资本主义工业文明所导致的人与人、人与自然的异化现象做出过深刻的反思。恩格斯在《自然辩证法》中所说的，"我们过分陶醉于我们对自然界的胜利。对于每一次这样的胜利，自然界都报复了我们。每一次胜利，在第一步确实都取得了我们预期的结果，但是在第二步和第三步都有了完全不同的、出乎意料的影响，常常把第一个结果又取消了。""要实行人与自然关系的协调，仅仅认识是不够的。这还需要对我们迄今存在过的生产方式以及和这种生产方式在一起的我们今天整个社会制度的完全的变革。"①

事实上,工业文明一方面把经济发展作为基本的、甚至唯一的目标,而无暇顾及人类环境的保护及生态需求。这种经济生活方式,实质上不是满足人类的实际需要,而是为了实现资本利润、资本增值的经济活动方式,为了实现资本利润的最大化,无所不用其极地刺激和调动人们的生产意识和消费意识。另一方面,建立在人对自然的掠夺基础上的工业文明,完全忽视了自然资源的再生产能力。它的前提是自然的开发可以不受约束,以及自然环境对废物的降解能力具有无限性。这样,在社会发展过程中不考虑自然再生产的因素,也不考虑经济活动和消费后果对自然环境的影响,从而违背了生态规律(姬振海,2007)。上述两个方面所造成的结果,就是使人类在生态危机中越陷越深。因此,要解决这些危机,人类就必须寻找一条新的发展道路,彻底摆脱高投入、高能耗、高消费的以经济为第一的发展模式,实现文明的转型。

(二)依赖科技的危险

我们通常把科学技术理解为人类对抗自然的工具或手段。随着科技的进步,人们越发相信,科学知识将日益逼近对世界奥秘的完全把握,人类将越来越能在地球乃至宇宙中为所欲为。有人称之为"科技乐观主义"(卢风,2009)。

1."科技解决"之路行不通

不少人曾以为生态问题是社会发展到一定阶段的产物,必将随着社会发展和科技进步得到解决,这是将生态问题的实质归结为"科技还不够发达"的问题,被称为"科技解决论"、"科技依赖论"或"科技万能论"。但后来,随着20世纪30~70年代发生在发达国家的"八大公害事件"以及80年代臭氧层破坏和全球气候变异的出现,人与自然的矛盾非但没能随着科技的迅猛发展而有所缓和,反而越来越尖锐起来。联合国环境规划署公布的1989年《世界环境状况》指出:高新技术为改善环境提供了极大潜力,但又引起了新的环境污染问题,传统的污染物质变为更复杂的污染物质。由此可见,想通过发展科技来解决工业文明的问题,只是过于崇拜科技力量者的天真而已。

德国发展合作部前部长埃普勒尔说:"一种经济,若是破坏了它自己赖以建立的基础,它本身也不可能持久。如果仅限于对我们给大自然造成的破坏搞点修修补补的工作,那么无论是对大自然还是我们的经济,都于事无补,对大自然来说,上述补救工作在许多情况下都做得太迟了;对我们的经济来说,它将过量消耗大自然的资源,并将在破坏和补救之间所进行的这场毫无希望取胜的竞争

---

① 马克思,恩格斯.马克思恩格斯选集(第3卷)[M].北京:人民出版社,1972:517.

中输掉。"①

2. 症结:科学技术与伦理道德的分离

为什么不能单纯依赖于科学技术呢？这是很多人难以理解的问题。

20世纪,人类建立的科学认为自然界不具有价值;现代科学哲学也认为应保持科学价值中立。虽然科学使人类获得了巨大的力量,拥有了改变世界的强大工具,成为第一生产力,但是,它也带来严重的不良后果。其实,科学技术的双刃剑作用绝不是现代科学技术的本质特征使然,科学与技术本身是偏向中性的,关键在于使用科技的人。所以,究其原因,其在于价值观出了问题。

科学朝哪个方向发展以及大量的科学成果如何为人所用直接涉及使用者的意愿、目标、素质、价值观和世界观。崇尚物质主义的现代人在不平等的政治体制下,对科技成果的误用和滥用是产生问题的真正原因。最先进的科技力量掌握在充满野心的统治者的手中,则可用来制造大规模毁灭性武器,在国际上推行霸权主义,在国内用以奴役人民;掌握在唯利是图的企业主手中,则可用于制造和生产高科技的破坏生态系统和严重污染环境的生产技术和工艺;掌握在普通人手中,则通常用以谋取私利或满足超出基本需求的欲望;掌握在科学家手中,则易被人所利用,而这些人往往会贪得无厌地把科技运用到极限,而且故意忽略或逃避责任和道德。如果说人类开发利用矿物资源产生的环境污染可以利用科技手段进行消除的话,那么由于掌握了原子能技术而使人类笼罩在可能爆发核战争的阴影中这一事实,又如何利用科学技术来消除呢？可见,科学技术的发展,如果离开正确的价值观的指导,它的成果及其应用可能成为极少数人的工具,只对极少数人有利,而损害大多数人的利益,甚至损害地球生态环境和生物圈的整体性。鉴于此,德国哲学家海德格尔认为:"技术并不只是一种工具,它也不是价值中立的;现代技术具有强有力的价值导向作用,它作为一种渗透于人类生活各个层面的力量,无时不对人们的行为选择和价值取向施加着巨大压力。"②英国著名历史学家汤因比说:"科学如果不上升到伦理地位,它给人类带来的只能是灾难和耻辱。"中国的古圣先贤并不热衷于发展科技,因为他们知道,在人的素质难以提高的前提下,科技的过度发达必然会毁灭人的心灵,进而毁灭整个世界。

在现代科学观念中,科学与道德、事实与价值是完全分离的。人们认为,科学探索世界的"真",这是自然科学的领域;道德追求世界的"善",这是人文科学的领域。科学与价值,两者之间是没有关联的。科学的任务就是发现真理,不

---

① 〔德〕埃普勒尔 E. 工业国家的发展失当问题[J]. 国外社会科学,1986,3:25-29.
② 〔德〕海德格尔. 海德格尔选集[C]. 孙周兴译. 上海:三联书店,1996:938.

必考虑是否"好"、是否"善",它可以脱离价值概念独立地发展,不受伦理道德的约束和指导。于是,传统科学技术的发展充分表现出片面性和不完善,其主要表现在以下三个方面。

第一,价值观的狭隘性。现代科学思想认为,只是人有价值,自然界没有价值。科学技术发展以人的利益为唯一的标准,以人统治自然为指导思想,以人类中心主义为价值方向;科学的合理性被定义为努力统治自然;它的出发点和目标是教导人们认识自然规律,发现自然的奥秘,以便为人类提供统治自然的具体途径和方法,从而利用、改造、控制和主宰自然,以最有利人类追求物质利益的方式来安排自然。而且,它的发展只关注少数人的利益,忽视大多数人的利益;只关注眼前的利益,忽视长远利益;只关注人的利益,忽视生命和自然界的利益。

第二,思维方式的机械化。现代科学技术以机械论的方式展示宇宙,运用还原论的方法把统一的世界,分割为互相没有联系的部件。在对这些部件进行研究时,科学在完全孤立的发展中不断分化,不仅研究对象截然不同,而且思维方式也不同,在孤立的发展中形成各自的体系,各种知识体系之间完全没有联系。科学分化得越来越细,技术越来越专,专到最后已经失去了意义,这是远离现实的。在现实的世界中,各种事实、现象和过程,即社会现象和自然现象、社会结构和自然结构、社会规律和自然规律,并不是相互孤立,而是相互联系、相互作用和相互渗透的。科学发展的机械性和科学的无限分割,使我们的认识脱离现实。

第三,科技成果应用的狭隘性。科学技术在狭隘的价值观和机械论思维方式指导下发明创造。它的设计以解决单一的、分离的问题为任务;并且认为,每一个问题都有单一的技术上的解决办法,或者只有单一的技术上的解决办法。因而,科学分化越来越细,技术专门化越来越专。技术在工业的应用中,也总是为解决单一的问题、只顾在单一的生产过程寻求它的最佳利益,而不顾及其他。这样,生产过程对自然资源的利用,只能是它的很少的部分,而更大的部分则以废物的形式排向环境;它的成果仅使极少数人受益,而大多数人并没有获得实惠(余谋昌,2010)。

我们今天所面临的种种困难,同科学技术发展的这种片面性和科技成果的滥用具有密切关系。所以,科技的发展需要转变,需要找回方向,需要将其发展轨迹与道德规律相融合,从而使科学研究、实践、发明和制造既有利于人类整体的利益,又有利于环境保护和自然界自身的发展。为达到这一目的,在思维方式上,应该从分析性思维走向整体性思维,这也是实现伦理指导科学的关键。分析至此,我们发现,解决问题的根本又落在了如何提高人的素质这一核心问题上。

(三) 导致社会危机的根源

社会危机的根源与物质主义、纵欲主义密不可分。在西方宗教文化衰落以后,人们的心灵无所归依,一直处于漂泊之中,许多人对此麻木不仁,于是对物质的追求和个人欲望的无限满足便成为了人生的主要价值追求,而物质文明之外的精神价值被忽视了,甚至在人们的视野中消失了(卢风,2009)。

工业文明高度发达的商品经济进一步推动了物质主义的泛滥,物质重于一切,利益凌驾于道德之上,严重违背了社会发展规律。工业文明的价值观是以人为中心的经济价值观,即以对人的欲望,特别是物质欲望的满足程度来判断其价值,并由此确定人的行动方向和方法。工业文明追求利益最大化的经济发展模式刺激了人的欲望的无限膨胀,道德准则的中心地位日益下降,社会道德底线受到了前所未有的冲击。就这样,物质主义、享乐主义和纵欲主义与经济制度、政治制度一起,引导出了一个物质丰富,但道德沦丧、人欲横流的社会。与此同时,代内不平等的社会秩序如雪上加霜,大大强化了社会危机。

二、走向生态文明

20世纪60年代以来,随着全球环境、资源状况的进一步恶化以及贫富两极分化程度的急剧加速,人类的生存面临空前的危机,如果不从根本上摆脱工业文明的思想理论和行为准则的桎梏,人类将与工业文明一同覆灭。人类已经到了必须改变自己的生存方式和社会秩序的时候了。于是人们开始了有意识地寻求新的发展模式的过程。人类对生态文明的选择,就是当代人类在探索环境保护和可持续发展战略的过程中逐渐明确下来的。

(一) 西方共识

历史的教训、现实的警示都昭示着:现代社会如果不把人类追求自身发展的实践建立在保持自然生态系统的正常运行基础之上的话,人类社会的生存和发展必然会陷入难以为继的境地。因此,一种新的以自然生态平衡为核心的生态文明的诞生就是不可避免的历史必然。

1962年,美国海洋生物学家卡逊(Rachel Carson)出版了著作《寂静的春天》,揭示了化学农药对环境的污染及其对野生动物和人类的危害,引起了西方人士的极大震动,从此在世界范围内掀起了一场现代的环境运动,开始了对人与自然如何协调发展的探索历程。1972年召开的斯德哥尔摩人类环境会议,标志着人类对环境问题的觉醒,世界各国由此走上保护和改善生态环境的艰难而漫长的历程。1972年,罗马俱乐部发表的研究报告《增长的极限》提出了均衡发展的概念,既要把人类的发展控制在地球承载能力的限度之内,也要缩小发达国家与发展中国家之间的差距,实现人类的共同发展,这实际上就是可持续发展观的雏形。

1983年联合国成立了世界环境与发展委员会。该委员会1987年发布的研究报告《我们共同的未来》,是人类建构生态文明的纲领性文件。该报告的独特价值在于:用"可持续发展"这一包容性极强的概念,总结并统一了人们在环境与发展问题上所取得的认识成果,使它们构成了一个具有内在逻辑联系的有机整体,从而把人们对这一问题的认识提升到了一个新的高度;第一次深刻而全面地论述了20世纪人类面临的三大主题(和平、发展、环境)之间的内在联系,并把它们当作一个更大课题(可持续发展)的内在目标来追求,从而为人类指出了一条摆脱目前困境的有效途径。这是一次巨大的飞跃。

1992年在巴西里约热内卢召开的联合国环境与发展大会,是人类建构生态文明的一座重要里程碑。它不仅使可持续发展思想在全球范围内得到了最广泛和最高级别的承诺,而且还使可持续发展思想由理论上的共识变成了各国人民的行动纲领和行动计划,为生态文明社会的建设提供了重要的制度保障。1995年,美国学者罗依·莫里森(Roy Morrison)在《生态民主》一书中,提出了"生态文明(ecological civilization)"的概念。2002年8月,约翰内斯堡可持续发展世界首脑会议再次深化了人类对可持续发展的认识,确认了经济发展、社会进步与环境保护相互联系、相互促进,共同构成可持续发展的三大支柱。

(二)东方共识

在"里约会议"精神的鼓舞下,中国也相继通过了一系列实施可持续发展战略的重要文件,如《中国21世纪议程》(1994年)、《全国生态环境保护纲要》(2000年)、《可持续发展科技纲要》(2000年)等。在此期间,我国成立了中国科学院可持续发展战略研究所,1995年9月,党的十四届五中全会将可持续发展战略纳入"九五"和2010年中长期国民经济和社会发展计划,明确提出"必须把社会全面发展放在重要战略地位,实现经济与社会相互协调和可持续发展"。这是在中央文献中第一次使用"可持续发展"概念。中国政府真正认识到,在现代化建设中,必须把控制人口、节约资源、保护环境放到重要位置,使人口增长与社会生产力的发展相适应,使经济建设与资源、环境相协调,实现良性循环。

进入21世纪后,中央对可持续发展的认识进一步提高。党的十六大报告提出,要不断增强可持续发展能力,改善生态环境,显著提高资源利用效率,促进人与自然的和谐,推动整个社会走上生产发展、生活富裕、生态良好的文明发展道路。报告把建设生态良好的文明社会列为全面建设小康社会的四大目标之一,这既是对中国多年来在环境保护方面所取得的成果的总结,也是对人类在20世纪末所取得的最重要的建设可持续发展社会的认识成果的继承和发展。随后,党的十六届三中全会又提出"以人为本"为核心的全面、协调、可持续的科学发展观,标志着对生态文明的认识又迈上一个新的台阶。统筹人与自然的和谐发展,建设生态文明,既继承了中华民族的优良传统,又反映了人类文明的发展方向,对于我国实现全面建设小康社会的目标具有重大而深远的意义。

党的十七大提出了实现全面建设小康社会奋斗目标的新要求,明确提出"建设生态文明",到2020年基本形成节约能源资源和保护生态环境的产业结构、增长方式、消费模式以及较大规模的循环经济,显著增加可再生能源比重,有效控制主要污染物排放,明显改善生态环境质量,在全社会牢固树立生态文明观念。把"生态文明"理念写进行动纲领,是对落实科学发展观、实现和谐全面发展目标而提出的更高要求。

党的十八大报告更是首次将"生态文明"建设单独列为一部分,明确提出,"建设生态文明,是关系人民福祉、关乎民族未来的长远大计",号召人们"必须树立尊重自然、顺应自然、保护自然的生态文明理念,把生态文明建设放在突出地位,融入经济建设、政治建设、文化建设、社会建设各方面和全过程,努力建设美丽中国,实现中华民族永续发展",充分显示了中国政府"努力走向社会主义生态文明新时代"的信念和决心。

地球是一个整体,建设生态文明的和谐社会是不该分国界也是不能分国界的。寻求世界和谐,走向生态文明,应该成为当今人类的主旋律。而生态文明的宗旨——和谐,必然是这个地球的人与自然、人与人、人与自我的和谐。这应该是人类活动的出发点和终极点。

第二节 什么是生态文明

一、生态文明的概念

(一)定义

生态本是生物学概念,是指生物在一定自然环境下生存和发展的状态。生态学(ecology)是以有机体与其生存环境(包括自然环境和生物/社会环境)之间关系为研究对象的科学。现代生态学已经从生物学中的一门分支学科发展成为一个横跨自然科学和社会科学的交叉学科。在自然生态学领域之外,生态学思想移植到社会学领域便形成人类生态学，主要研究人类群体与自然环境和社会环境的关系。此外，还有生态哲学、生态美学、生态经济学、城市生态学、产业生态学、精神生态学等。因此，生态的概念获得了社会学的意义。生态学也可作为一种注重整体或宏观向度的科学思维方法，或者一种科学世界观和方法论，与人们的日常生活和生产密切相关。生态学方法已成为几乎每一门学科都要采用的科学方法；科学技术发展的生态化趋势已成为新技术革命的一个重要特征。

人类作为地球生命系统的一部分，本身就是生态系统长期进化和发展的产物，是活的有机体，需要不断地从生态环境中获取能量和养分，以保证自己在生物学意义上的活动。因而，人的生存离不开自然环境，任何有机体的存在与发展都是与环境相统一的。人类文明的发展并未超越地球生态系统的发展，因此，文明的发展必须以地球生态系统的结构与功能的维持为前提。可见，现代生态科学理论不仅是生态系统的理论基础，也是生态文明的理论基础。现阶段出现的人类生存危机的问题，在于长期以来人类对自然的运作机理缺乏反省、把握与调控，加之人的贪欲本性膨胀所致。欲摆脱生态危机，既不能用否定文明的方法，也不能对现有的文明进行修修补补，而只能进行文明形态的转换，即走向生态文明。

生态文明是指人类遵循人、自然、社会和谐发展这一客观规律而取得的物质与精神成果的总和，是指以人与自然、人与社会、人与自我和谐共生、良性循环、全面发展、持续繁荣为基本宗旨的文化伦理形态。生态文明是一种高级形态的文明。生态文明不仅追求经济、社会的进步，而且追求生态进步，它是一种人类与自然协同进化的持久文明。

从词源学意义上看，它与野蛮相对，指的是在工业文明已经取得成果的基础上用更文明的态度对待自然，不野蛮开发，不粗暴对待大自然，努力改善和优化人与自然的关系，认真保护和积极建设良好的生态环境。这是通常意义上大多数人理解并广泛使用的生态文明含义，是与物质文明、精神文明和政治文明相并列的现实文明内容之一，是生态文明所具有的初级形态，是其狭义的内涵。

从社会形态建构意义上看，生态文明主要指人们在改造客观物质世界的同时，不断克服改造过程中的负面效应，积极改善和优化人与自然、人与人的关系，建设有序的生态运行机制和良好的生态环境所取得的物质、精神、制度方面成果的总和。它主要体现在文化价值观、生产方式、生活方式和决策制定等方面的改变上。这是与原始文明、农业文明和工业文明相并列的生态文明的高级形态，是其广义的内涵。本书所探讨的内容是立足于广义的生态文明内涵。

(二)特点

如同人类历史上不同阶段的文明形态的更替一样,处于前一阶段的文明形态发展到一定的阶段,必然会被更高阶段的文明形态所取代。这种取代,一方面表明以物质资料生产活动为核心的人类与自然的关系,发生了根本性变化,新的关系取得了主导地位;另一方面,旧的文明形态的危机,并不意味着其衰亡,而是在地位变化的同时,被新的文明形态所改造。具体而言,生态文明具有如下四个特点。

1. 全面性

全面性指生态文明存在和发展的对象是整个地球生态系统。从本质上讲,只有全面发展这个母系统,人类这个子系统才能得到真正的发展。人类并不是自然的主宰,而是自然的一部分。人类的发展不能狭隘地只从满足自身的需求出发,而是要着眼于整个生态系统的正常运行、进化需要。人类在发展自身的同时,应积极运用自己的知识、技术,主动地维护好生态系统的发展进化。

2. 和谐性

和谐性是指生态文明注重人—环境—社会的相互关系,协调人与自然、人与社会、人与自我的关系是生态文明的核心内容。三者相互协调的同时,三个子系统内部也各自协调,从而实现共同发展。

3. 高效性

高效性指在各行业、部门间建立起协调、共生的网络化系统,使物质、能源、信息在这个整体系统中得到循环利用,提高资源的利用效率,扩大资源的利用途径和方式,使物质、能量得到多层次、分级利用,废弃物通过再生、转移、循环、转化等得到再利用。

4. 持续性

持续性指生态文明以生态系统为中心,以自然—社会—经济复合系统为对象,以各个系统相互协调共生为基础,以生态系统承载力为依据,以人类持续发展为总目标,因此,持续发展本身就是一个生态学概念,是生态文明的一个重要特点。

(三)世界观

生态文明的世界观是一种有机整体论世界观。人类对待自然的态度,是人类世界观的重要组成部分。人类对自己和对他人的态度,对局部和整体的态度,对元素和系统的态度,对眼前和对将来的态度,是人生哲学中的核心问题。生态文明内涵与自然协调发展,重视自然的自生、再生和与环境共生,与他人和谐相处;着眼于人类整体利益、长远利益和人类自身全面发展的"人—社会—自然"整体论世界观。它包括人与自然整体观和人类共同体整体观,认为世界是一个由生命和环境相互依赖、不可分割的有机整体,具有自我调节、自我维持、自我发展和进化的复合生态系统。随着经济全球化进程的加速,全人类的命运越来越紧密地联系在一起。人类作为一个有机整体,共同面对发展中遇到的各种问题,"需要一种新的世界观———一种整体论的,不滥用自然资源的、在生态学上合理的、长期的、综合性的、爱好和平的、人道的、合作的世界观。我们需要转变到一种真正全球性的观念上,在这种观念中,个人、社会和这颗行星都被给予充分的重视。换言之,我们必须从一种协同程度较低的世界观转变到一种协同程度较高的世界观。"

有机整体论认为,世界是以系统的形式存在的,这是一种有机的整体,它的整体性质不是由构成系统的各个部分性质的简单相加,而是形成的一种系统整体的新质。在由不同层次构成的有机系统中,同一层次的内容既是上一层次的要素,又是下一层次的系统。作为有机整体的系统,与周围环境存在着物质、能量、信息的交换,经过系统自身非线性的调整、变化和协同,使系统由无序转化为有序、低序发展成高序、失衡进化为平衡。生态文明的世界观扬弃了工业文明中人征服自然、统治自然的笛卡尔主客二分式的传统机械观,确立了有机整体论世界观,这种世界观坚持人是自然的一部分,人与自然相互作用、相互依赖、相互影响,人类应与自然协调发展、共生共荣(高德明,2011)。

(四)环境伦理观

生态文明是社会文明在人类赖以生存的自然环境领域的扩展和延伸,反映的是人类处理自身活动与自然界关系的进步程度,是人类认识过程的大飞跃,同时也是价值观念的大转变。这一转变的关键在于解决自然的发展和社会的发展之间的矛盾,把社会物质生产以人为中心的价值取向,转到人与自然共同协调发展的价值取向上。生态文明伦理观的主要目标就是要求人们调整好当代人之间的关系,当代人与后代人的关系以及人与自然的关系,其基本内容就是公平与和谐,具体包括以下几点。

1. 人与自然平等

人与自然平等,即人与自然和谐,这是可持续发展的根本性问题。不仅是人类,自然界的其他要素(从生物物种到生态系统)都具有生存发展权。如果只承认人的生存发展权,那么在保证人的生存的理由下,许多破坏自然的行为都可以正当化、合法化。因此,要抛弃"极端人类中心主义",使人与自然平等相处,人类有意识地控制自己的行为,合理地控制利用、改造自然界的程度,维护生态环境的完整稳定,保持生物的多样性。人与自然和谐贯穿于实现代内公平和代际公平的全过程,它落实到每一代人的经济社会发展全部实践中。人与自然和谐是生态文明伦理观最精华的部分。

2. 人与人平等

人与人的社会关系是人与自然关系的基础,人与自然的关系又以人与人的社会关系为前提。二者是不可分割的。社会生态学认为,生态危机根源于人类社会生活模式的弊端。正是人统治人的压迫性的社会结构,产生并强化了一切统治形式、思考方式和生活方式,包括人对自然的统治。人统治自然的观念直接源于人统治人的实在。如果不破除社会的压迫制度,就不可能从根本上解决生态危机;必须在社会公正的基础上确立人与人的平等关系,才能确立人与自然的平等关系(余谋昌,2010)。

所谓人与人平等,就是指当代人在利用自然资源满足自身利益时要机会平等,任何国家和地区都没有无限制的发展自由,必须保证自身发展不能以损害其他国家和地区的发展为代价。这就要求人类实现代内平等和代际平等。

代内公平是同代人之间的相互尊重、相互促进、共同发展问题,它是人类社会最为迫切和现实的问题。代内公平原则用于调整不合理的国际政治、经济秩序,在地区、国家和全球范围内消除贫困,防止和消除贫富分化,寻求整体共同发展,最终实现人类的进步与繁荣。这里强调消除贫困的基本前提是经济欠发达国家应获得公平的发展权和合理的自然资源份额。消除贫困、共同发展也是解决当代环境问题的基本途径,因为一个贫穷的世界将永远摆脱不了生态和其他灾难。

代际平等则强调在人类社会的历史发展中,每一代人都有责任和义务为后代人创造良好的生存空间和发展环境,当代人有合理享用地球资源与环境的权利,但同时也有保护地球资源与环境的义务,不能为了短期利益妨碍、透支后代人对环境和资源的利用。

二、生态文明的标志

英国学者大卫·佩珀(Pepper D)提出了生态文明的理想社会形态——生态社会主义(eco-socialism)。他认为,生态文明社会的主题包括:真正基层性的广泛民主;生产资料的共同所有(即共同体成员所有,而非国家所有);面向社会需要的生产,而主要不是为了市场交换和利润;面向地方需要的地方化生产;结果的平等;社会与环境公正;相互支持的社会与自然关系。

(一)生态环境改善

环境问题直接关系人民群众的正常生活和身心健康。建设生态文明最基本的要求就是,让人民喝上干净的水、呼吸清洁的空气、吃上放心的食物,在良好的环境中生产生活。在中国,诸如太湖蓝藻事件、松花江污染、三鹿奶粉事件不应再次出现。欧美日发达国家的空气质量虽好,但逃不掉全球气候变化、跨国界空气污染和酸雨的影响。所以,生态环境的改善必然是全球同步的。

(二)生态政治兴起

人类目前所面临的生态环境危机,主要是由人类在制度框架下进行的社会活动引起的。有什么样的制度框架,就有什么样的物质生产和人口生产,也就有什么样的环境影响。因此,当今世界范围的环境危机是与政府的政治决策紧密联系在一起的,不仅环境问题的产生、解决与政治有关,环境问题的存在也会引发政治冲突。特别是当前,全球环境问题正日益渗透到国际政治之中,成为国际政治的一部分,需要各国政府重新审视传统的国际政治关系,建构满足可持续发展要求的政治体系。

工业文明的政治体制的本质特征是资本专制主义。资本决定社会的政治和经济制度安排,决定社会和经济生活结构。但资本只关心获得利润,增值利润是它的唯一动力。资本运行不仅剥削工人的剩余劳动,而且剥削自然界。它的不公正天性,不仅具有自发的经济剥削和政治腐败机制,而且具有自发的破坏环境和资源的机制。在这种体制下,所谓人权、民主和自由是不充分的、不完善的,而只有资本及其增值是实在的。

生态文明的政治特征是以人为本的社会民主主义。它的主要原则是公正和公平,包括社会公平和环境公平、社会正义和自然正义。这是实现人的全面自由发展和社会全面进步的根本方向。在生态文明社会,政治制度和社会体制发生了巨大变革,传统的具有自发破坏环境的机制发生转变,按照公正和公平原则建立起新的人类社会共同体,以及人与生物和自然界的伙伴共同体,从而使环境保护制度化,使社会获得自觉保护环境的机制。

(三)生态经济发展

工业化的经济增长模式仅仅按供求关系来指导和决策,其特点是线性非循环的,缺乏环境意识,低估甚至否认自然资源的价值,对自然资源的使用不计入成本,这种"原料—产品—肥料"的经济模式是不可持续的,因而在处理经济与环境协调发展这个重大问题上显得无能为力。

生态文明社会规范的基本特征是强调可持续发展,基于生命和自然界也有内在价值、自然资源同样也有价值这一前提,其经济发展将自然资源与生态环境也计入成本,合理配置资源,对资源的开发要投入补偿,实现良性生态循环和环境保护。因此,社会生产方式向着生态化方向转变。经济观念由单纯追求经济目标向追求经济—生态双重目标转变,摆脱了传统工业化的发展模式,建立起生态化的生产力和生产方式以及生态经济新秩序,一切现有的有害环境技术向无害环境技术转变。

(四)生态文化与教育繁荣

生态文化是以人为本,使人与自然的关系和谐发展的文化。生态文化的出现,首先引发了人的价值观的革命,即用人与自然和谐发展的价值观代替人统治自然的价值观,这是一种有机整体主义的价值观;其次引发了人的世界观的革命,即用尊重自然、敬畏生命的哲学,代替极端的人类中心主义哲学,用事物相互作用、相互联系的世界观代替机械论、元素论,强调地球以及整个世界是一个活的有机整体,整体决定部分,事物之间的关系和动态性比结构更重要;再次是引发了人类思维方式的革命,即基于整体的非线性的和动态循环的生态学思维将代替机械论的分析性思维。在发展方向上,它强调多要素系统的协调并进以及整体的和谐,而不是片面的、单一的发展。

生态文明教育旨在帮助成人和孩子身心健康和平衡地成长,除了广泛进行环境道德教育和生命教育之外,也强调对婴幼儿的早期教育,从而能在人生中最关键的成长阶段,使人的天性得到最良好的发挥,使人的身体、心灵和精神得到平衡和谐的发展,最终成为一个具有创造性、道德感和责任感的人。

(五)生态生活观普及

人的自身得到充分的发展,身心健康。物质条件基本得到满足,贫困基本消除。人民患病率、死亡率较低,平均寿命延长,医疗开支低。在人们的观念中,知识与智慧的价值开始超过物质主义的价值,在经济生活中以适度消费取代过度消费,以简朴生活取代奢侈浪费,青睐绿色产品,更加亲近自然;在精神生活中超越物质主义和享乐主义,崇尚社会、心理、精神、审美的需求,有更加丰富多彩的社会生活、道德生活和信仰生活,生活质量全方位提高,更符合人的本性,更符合自然本性。

人的精神面貌积极向上、乐观、知足,人际关系和谐,社会上的犯罪和纷争大幅度减少,致使高度集中的经济和政治组织的作用逐渐削弱,可能会变成没有必要,人民将会摆脱政治家和强势集团操纵的强权政治的束缚,获得更多的民主、自由与平等生存的机会。人们真正体会到生活的幸福。

三、生态文明的系统构成

(一)纵向构成

生态文明作为一种独立的文明形态,其理论体系具有丰富的内涵。按照历史唯物主义的观点可以分为四个层次。

1. 意识文明

思想意识是要解决人们的哲学世界观、方法论与价值观问题,其中最重要的是价值观念与思维方式,它指导人们的行动。自然科学与人文社会科学工作者只有携起手来,共同努力,才有可能建设生态文化,塑造生态文明。生态文明观主要包括三个方面的内容,即人与自然同存共荣的自然观,社会—经济—自然相协调、可持续的发展观,健康、适度消费的生活观。

2. 行为文明

生态文明作为一种处理人与自然关系的新型文明,应通过政府、企业、公众等的行为,运用包括政治、经济、科技等多方面手段,通过确实有效的方法,解决人类不可持续发展过程中面临的各类问题。人类应改变过去那种高消费、高享受的消费观念与生活方式,提倡勤俭节约,反对挥霍浪费,选择健康、适度的消费行为,提倡绿色生活,以利于人类自身的健康发展与自然资源的永续利用。

3. 制度文明

社会制度要解决人与人之间的关系。为了维护良好的生态环境必须进行制度建设,以规范与约束人们的经济行为和社会行为,如建立保护生态环境的机构,制订保护生态环境的法律与政策,普及生态文明教育等。

4. 产业文明

生态文明的物质生产就是进行生态产业的建设。生态产业包括生态农业和生态工业。

(二)横向构成

从科学发展观以及建立和谐社会的角度,生态文明由三个内容构成。

1. 人与自然和谐(自然生态)

人与自然和谐相处,必须处理好四个环节的关系:正确认识自然,合理改造自然,充分利用自然,有效保护自然。只有正确认识自然,发现和掌握客观规律,用于指导实践,才能合理改造和充分利用自然。对自然的改造和利用难免会造成一些破坏,所以还需要保护,使破坏不超过自然可以承受和恢复的程度。正确认识自然是前提,合理改造自然是手段,充分利用自然是目的,有效保护自然是条件,这四个环节对实现人与自然和谐相处缺一不可。正确处理人与自然的关系,保持人与自然和谐相处,是构建生态文明和谐社会的必然要求。

2. 人与人和谐(社会生态)

要处理好人与自然的关系,做到与自然的和谐相处,关键的一点是要处理好人与人的关系,这是建设和谐社会的根本问题。因为人与自然具有同一性,人既是自然存在,又是社会存在,具体表现在人与自然的关系和人与人的关系的相互制约。只有切实把人与人的关系处理好,实现社会公平,才能建立起整个社会的和谐基础,才能从根本上解决人与自然的矛盾。人与自然的关系本质上反映了人与人的关系。人与自然的关系不和谐,实际是人与人之间的关系没有调节好。比如,环境污染是人对自然的一种行为,而再深入看,就是一部分人产生的污染,要整个社会承受,这就是追求利益的阶层与承受代价的阶层之间的利益冲突。

人与人和谐应提倡"人道主义",即所有的人享有公正和平等的权利和义务。这是处理人与人之间关系的主要原则。在人与自然的关系上,人类按照公正与平等的原则分享地球生态资源,努力在自然价值的基础上创造文化价值,实现文化价值。

3. 人与自我和谐(自我生态)

人与人的关系本质上反映了人与自我的关系。人与人的关系不和谐,实际是人与自我的关系不和谐。在现代工业文明社会人所赖以生存的各种资源供不应求,生活压力加大和竞争的激烈,以及物质欲望的膨胀和攀比心态的增强,自我极不和谐,一方面,致使很多人自我身心的调节功能下降,精神紧张,不良情绪泛滥,找不到幸福的感觉,从而失去正确处理人与人和人与自然关系的健康的心理基础;另一方面,人们对自我身心运动规律不甚了解,导致各种慢性病大量产生,寿命下降,而且吸毒、自残、自杀现象增多。因此,从个人角度来看,构建生态文明和谐社会应当特别强调正确处理人与自我的关系,促进自我心灵成长,从生态伦理的高度善待自我,让身心走向和谐。

总之,人与自然和谐、人与人和谐、人与自我和谐是生态文明的三大支柱,是在时空尺度上由大到小、在实践上由外及内的圆融和统一,只有三者共同协调发展,才能促成人类历史上高级文明阶段的真正到来。

四、生态文明的评价指标

环境保护和自然资源合理利用相关指标是衡量生态文明建设水平的重要指标,但还应包括人文、民生等社会指标。不少国际组织和专家提出了一些衡量发展的新概念和新标准,兹简要分述如下。

(一)衡量国家(地区)财富的标准

衡量国家(地区)财富的标准是 1995 年世界银行颁布的。该标准认为,一个国家(地区)的财富由人造资本、自然资本和人力资本 3 种资本组成。人造资本就是通常经济统计和核算中的资本,包括机械设备、运输设备、基础设施、建筑物等人工创造的固定资产。自然资本是指大自然为人类提供的自然财富,包括土地、森林、空气、水和矿产等。没有这些自然资本的可持续性,就没有可持续发展。而且,很多人造资本是依靠大量消耗自然资本换取的,在计算中应从中扣除自然资本的价值。人力资本是指人的生产能力,包括人的体力、身体状况、受教育程度、工作能力等方面。人力资本不仅与其先天素质有关,而且与教育水平、健康水平和营养水平有直接关系。因此,人力资本可以通过人造资本的投入而获得增长。由此得出下列计算财富的公式:

国家(地区)财富=GNP−国民消费−人造资本折旧−自然资本折旧

该公式中的人力资本折旧包含在国民消费中。这里的创新概念是自然资本的折旧。一个国家或地区有权使用和消耗其自然资源,但必须在其生态系统保持平衡的条件下,所消耗的自然资本能够高效地转化为人造资本和人力资本,保证人造资本和人力资本的增长能补偿自然资本的消耗;否则,自然资本的消耗就是一种纯浪费型的消耗。这种财富新概念包含了绿色国民经济核算(特别是资源和环境核算)的一些研究成果。它通过对宏观经济指标的修正,企图从经济学角度阐明环境与发展的关系,通过货币化度量地区总资本存量(或人均资本存量)的变化,判断其发展是否具有可持续性,因而能较真实地反映该地区的财富。

(二)人文发展指数(HDI)

人文发展指数是联合国开发计划署(UNDP)于1990年5月在《人类发展报告》中公布的,用以衡量一个国家的进步程度。该指数由收入、寿命和教育3个指标构成。收入是指人均GDP,可以用人均GDP的实际购买力来估算;寿命反映了营养水平、环境质量状况和精神状态,根据人口的预期平均寿命来测算;教育是指公众受教育的程度,也就反映了可持续发展的潜力,用成人识字率(2/3权数)和大中小学综合入学率(1/3权数)来计算。

该指标的提出,反映了一个国家或地区的发展应从传统的以物为中心向以人为中心的转变,强调了合理的生活水平而不是对物质的无限占有,向传统的消费观念提出了挑战。HDI将收入与发展指标相结合,强调了健康和教育的重要性,倡导各国对人力资源更多的投入,更关注人们的生活质量和环境保护,充分体现了可持续发展的核心原则。

(三)绿色国民账户

在人文方面,传统的国民账户未能准确反映社会福利状况;在自然方面,它既未考虑资源变化的状况,未能将自然资源的成本计入国民账户中,也未计入环境的损失。为了解决这个问题,世界银行和联合国统计局(UNSO)合作,试图将环境损失纳入国民账户体系框架中,建立经过环境调整的国内生产净值(EDP)和经过环境调整的净国内收入(EDI)统计体系,称为经过环境调整的经济账户体系(SEEA),并已开始试用。在尽可能保持现有国民账户体系概念和原则的情况下,将环境数据结合到现行的国民账户信息体系中。环境成本、环境收益、自然资产和环境保护支出均用同国民账户体系相一致的形式,作为附属账户内容列出。

传统上,国内生产净值可用下式表达:

$$NDP = 最终消费品 + 净资本形成 + (出口 - 进口)$$

该公式忽略了环境和自然资产损耗。如将环境因素考虑在内,就得到经过调整后的国内生产净值,即:

$$EDP = 最终消费品 + (产品资产的净资本积累 + 非产品资产的净资本积累 - 环境资产的耗减和退化) + (出口 - 进口)$$

(四)幸福指数

"幸福指数"的概念起源于 20 世纪 70 年代,最早是由不丹国王提出并付诸实践的。幸福指数包含 3 类指标。A 类指标:涉及认知范畴的生活满意程度,包括生存状况满意度(如就业、收入、社会保障等)、生活质量满意度(如居住状况、医疗状况、教育状况等)。B 类指标:涉及情感范畴的心态和情绪愉悦程度,包括精神紧张程度、心态等。C 类指标:指人际以及个体与社会的和谐。

国际上幸福指数高的国家并不一定是经济发达的国家,幸福指数高的城市也未必是大城市。2006 年,英国"新经济基金"组织对全球 178 个国家和地区按幸福指数(生活满意度、人均寿命、生态环境)作了一次排名,第一名是太平洋岛国瓦努阿图,中国排名第 31 位,而英国和美国分别排名 108 位和 150 位。

实际上,幸福指数是一个很难衡量的指数,因为不同的人,在不同的时期或不同的处境下,对幸福的理解不同、选择的指标不同,结果就可能会大不相同。发达国家近来一直在研究,"为什么 GDP 增长并不一定带来幸福感?"一些国家和地区已经开始制定幸福指数体系,作为政府决策的重要依据和衡量可持续发展水平的重要标准。

第四章 生态文明伦理道德观

生态文明伦理道德观是生态文明理论体系的基石,是人类保护环境和建立生态文明和谐社会的哲学基础。在生态文明的建设过程中,如果缺乏生态道德,生态环境恶化的趋势就不可能从根本上得到遏止。

伦理重于法律。因为人类的伦理原则是法律的基础,是人类行为的依据和准则。有时伦理道德的力量要比法律的力量更强大。当代的生态文明伦理是一种文化的力量,它可以充分发挥教化人类、启迪心智、规范行为的道义上的威力。了解并感悟生态文明伦理道德观的基本原则,有利于践行生态文明道德规范,有利于促进人类道德的进步和完善,也是个人追求吉祥、和谐生活的德行基础。

第一节 人类中心主义与非人类中心主义

一、人类中心主义

(一)人类中心主义的基本含义

人类中心主义,也叫人类中心论(anthropocentrism),它是从西方人与自然冲突的文化传统中发展起来的一种世界观、文化观、价值观、实践观和伦理观。这种观点的核心内容是:一切以人类的利益和价值为中心,以人为根本尺度去评价和安排整个世界。其历史最为悠久的经典表述为古希腊哲人普拉泰戈拉的名言:"人是万物的尺度,是存在事物存在的尺度,也是不存在事物不存在的尺度。"英国学者佩珀(Pepper D)认为,人类中心主义是这样一种世界观:①它把人置于所有造物的中心,大多数西方人认为这是理所当然的;②它把人视为所有价值的源泉(是人把价值赋予了大自然的其他部分),因为价值概念本身就是人创造的;③它认为人是最高的存在者,是仅有的主体,而且人类正历史地走向绝对主体的地位,所以人无须对任何对象心存敬畏。

由上可见,人类中心主义是一个内涵十分宽广的概念。它适用的语境是人与自然的关系,主要用来描述作为整体的人类对于自然的某种态度。人类中心主义的价值取向是明确的,那就是尽最大的可能提高人的地位,扩大人的行为选择自由度。

人类中心主义具有三层不同的含义:①第一层含义是生物学意义上的人类中心主义,这实质上是物种中心的一种具体形式。作为一种生物个体的存在,人必然要维护自己的生存和发展,这是自然规律。在自然界,任何一个物种都是以自己为中心的,人也以自己为中心。②第二层含义是认识论意义上的人类中心主义。在这种意义上,任何道德都是属人的道德。这就是说,人所提出的任何一种环境道德,都是人根据自己的思考而得出来的。③第三层含义则是价值论意义上的人类中心主义。这种人类中心主义把人看成是唯一具有内在价值的存在物,他以外的存在只具有工具价值;自然界的价值只是人的情感映射的产物。因此,人才是唯一具有资格获得道德关怀的物种。从这种立场出发,道德原则的制定与选择的唯一相关因素必然是人的利益,一切以满足和实现人的需要和利益为前提。

(二)古典人类中心主义

亚里士多德在《政治学》中指出:"……植物的存在就是为了动物的降生,其他一些动物又是为了人类而生存,驯养动物是为了便于使用和作为人们的食品,野生动物,虽非全部,但其绝大部分都是作为人的美味,为人们提供衣物以及各类器具而存在。如若自然不造残缺不全之物,不做徒劳无益之事,那么它是为着人类而生了所有动物。"[1]可见,古代希腊人对人与自然的态度是十分鲜明的。

在西方基督教传统观念中,自然界并不是一个自我产生、自我维持的物质世界,而是上帝的"被造物"。尽管人与自然都是上帝的创造物,但只有人是上帝按照自身形象创造的,因而只有人才具有灵魂,是唯一有希望获得上帝拯救的存在物。在上帝、人、自然三者的关系中,人与上帝的关系是核心,而自然的作用只是对人与上帝关系的一种衬托。因此,人可以随意使用植物,随意对待动物。《圣经》中虽然包含有要求人们关心动物和其他存在物,但这种关心是基于对他人的关心,对动物的残酷行为之所以错误,是因为这种行为会鼓励和助长对他人的残酷行为。因此,人们将基督教教义理解为,人高于自然界的其他生命形式和存在物,是自然的主人,自然界一切非人的存在物都是为人的利益而存在的。人对自然的统治是绝对的、无条件的。

---

[1] 〔古希腊〕亚里士多德.政治学[M].吴寿彭译.北京:商务印书馆,1997:23.

哲学人类中心主义把基督教所确立的人类中心主义观念理性化了。在古希腊的思想家们那里，人被定义为理性的存在。人与动物的区别就在于他的理性。人能够凭借理性来把握世界。15 世纪的西方文艺复兴运动使理性获得高度弘扬。人文主义对人性的颂扬，自然主义对认识自然的现实主张，使人与自然关系被抽象的主体与客体关系所取代。人被认为是宇宙中唯一的主体，非人类的一切存在都是毫无灵性和神秘性的客体，自然作为整体也没有什么神秘性可言。近代认识论的主客二分以及强调人的主体地位，在观念上树立起人是自然主人的信念。被后人称为"近代哲学之父"的笛卡儿认为，人与动物和其他存在的区别在于人具有理性和语言能力。动物由于缺乏这些品质，它们充其量只能被看做是自动机器。人对动物和自然没有义务，除非这种处理影响到人类自身。

笛卡尔的思想在康德那里得到进一步的发挥。康德声称，只有理性的人才应受到道德关怀。对理性存在来说，理性本身就具有内在价值，它是一个自在的、值得人们追求的目标。所有的理性存在追求的都是一个共同的目标：理性世界。然而，只有理性的存在才能直接达到理性世界内在的善。符号是理性的重要特征，因为语言的符号结构对表达普遍的概念是必需的。动物不能使用符号，不能表达普遍的概念，因而它不是理性存在，也就不应获得道德关怀。人们对待非理性存在的任何一种行为都不会直接影响理性世界的实现，因而把它们仅仅当作工具来使用是恰当的。康德明确指出："就动物而言，我们不负有任何直接的义务。动物不具有自我意识，仅仅是实现外在目的的工具。这个目的就是人。动物本性类似于人的本性，我们可以通过对动物的义务来证明我们的本性，表达对人的间接的义务。"就这样，近代哲学对人的本质的探索，使人类中心主义思想在观念上被牢固地确立下来。

在传统人类中心主义看来，人具有理性，因而自在就是一种目的、一种内在价值，这种价值构成了所有价值的源泉。其他一切缺乏理性的存在物只有在它们能满足人的兴趣或利益的意义上才具有工具价值，自然存在物的价值不是客观的，即使工具价值也是人的内在情感的主观投射。由于自然存在物只具有工具价值，那么，人的理性便赋予了他一种特权，使得他可以把其他非理性的存在物当作工具来使用。人由于是一种自在的目的，是最高级的存在物，因而他的需要应当被视为是合理的。只要不损害他人的利益，他为了满足自己的需要而毁坏非人类的自然物，他的行为就不能被看成是不道德的。

古典人类中心论认为，伦理原则只适用于人类，人的需要和利益是最重要的甚至是唯一的价值，是道德的唯一相关因素，因而人对非人类存在的关心只应限于那些对人类有用的自然物，而且对这些自然物的义务只是对人的一种间接义务。人类只要根据"开明自利"的原则来指导和调节人与自然的关系,环境危机和生态失调问题就可迎刃而解。

(三)现代人类中心主义

1. 对古典人类中心主义的发展

现代的人类中心主义与传统意义上的人类中心主义已有所不同,它一直在为适应现代生态环境保护而不断地改变着自己的形态。传统人类中心主义的伦理理论把非人类的存在排除在道德关怀对象的范围以外。这种人类中心主义的伦理观至少带来了两方面的问题:一是只承认人的内在价值,而不肯承认自然界其他物种或生态系统的同等特征及其相关权利,它实质上是一种物种间的利己主义;二是以对人类理性的绝对信任为前提,但理性本身未必值得信赖,因为人类的理性是有限的。因此,在当代,人类中心主义常常被看成一种"有缺陷的伦理"观念。尽管如此,仍有许多有影响的人持有这一立场,并把它当作一种道德上最正确的观念来提倡。

现代人类中心主义大多能克服人类中心主义中的不合理的方面,从一种开明的自我利益观出发,将以人为中心的伦理学向外延伸,不仅按照人的"利益平等"的原则,将道德关心延伸到子孙后代,而且还依据为了人类利益的原则,将人类道德关心延伸到非人类的动物和所有有感觉的生命,甚至对整个自然界给予道德承认和保护,表示对非人类道德的肯定。现代人类中心主义主要在价值论的意义上使用这一概念。

2. 弱化人类中心主义

在现代生态环境运动中颇有影响的是"弱化人类中心主义",最著名的西方代表人物是美国哲学家布赖恩·诺顿(Bryan Norton)。他在著作《为什么要保护自然界的变动性》中,将人类中心主义区分为两种类型:强化的人类中心主义和弱化的人类中心主义。诺顿把仅从人的感性意愿出发来满足人的现实利益和需要的价值理论,称为强化的人类中心主义;把从某些感性意愿出发,但经过理性评判来满足人的利益和需要的价值理论,称为弱化的人类中心主义。"强化"的特点是从感性出发,是"我的需要决定一切",是非理性的;"弱化"的特点是可以从"我的需要决定一切"出发,但对这种"需要",该用理性去作为价值评判的支撑。无论是"强化"还是"弱化",这两种人类中心主义是有直接的血缘关系的,都主张人是自然的主宰,自然万物都是人的工具。前者是拿来就用;后者是想一想后再拿来用。然而,弱式人类中心主义认为,自然存在物的价值并不仅仅在于它们能满足人的利益,它们还能丰富人的精神世界;有的人类中心主义者甚至承认,"自然物也拥有内在价值","人不是所有价值的源泉"。弱式人类中心主义虽然承认人的优越性,但也承认其他有机体是生命共同体的成员,这一事实本身就是我们有义务从道德上关心它们的根据;作为同一生命共同体的成员,我们与它们(至少是高等动物)之间的关系具有一定的伦理意蕴。

此外,美国植物学家墨迪(Murdy W H)对人类中心主义在理论上也作出了很大贡献。在其代表作《人类中心主义》中,墨迪认为,承认人类自身的利益高于其他非人类,这是一种自然属性;人类因具有特殊文化、知识和创造能力,因而对自然肩负着更大的责任;自然事物具有内在价值,特别是生命支持系统的价值;人们在发展中将具有处理好人与自然关系的潜力。由此,人类具有保护地球环境的不可推卸的责任。今天的生态及环境危机,是由于我们没有认识到一切事物在本质上相互联系,加之人类贪欲膨胀所造成的结果,而不是以人类为中心的人与自然关系的定位错误。

现代人类中心主义弱化了人类的主体作用,它把人的主体作用分为两种:第一,人类是保护环境的行为主体,因为一切计划、法规、工程等都需要人类来制定、组织与实施。第二,从代际功利的角度提倡人类的代际平等权利,并以此规范当代人类对环境资源的开发、利用与保护。由此可以看出,现代人类中心主义价值观依然是功利型的,但依据的不再是传统的狭义的价值概念,即市场价值,而是一种广义的价值概念。它主张环境与生态保护方案及行动的选择,取决于环境的直接使用价值、间接使用价值、选择价值和存在价值。

(四)超越人类中心主义

1.对人类中心主义的反思

20世纪70年代以后,全球性生态危机的进一步加剧,越来越多的人开始对人类中心主义的信念产生怀疑,从而导致了生态哲学领域中人类中心主义与非人类中心主义认识上的分野。非人类中心主义者把资源枯竭和环境退化的根源归结为人对自然的支配与掠夺态度,认为这是受人类中心主义观念支配的西方文化对当代全球生态环境产生的致命影响。如果我们仍然在人类中心主义的框架下处理人口、经济和政治等问题,生态问题就不可能最终得到解决。

概括起来,非人类中心主义对人类中心主义特别是"极端人类中心主义"的批判主要是从以下四个方面展开的。

1)人类中心主义在经验上或直觉上站不住脚

人类中心主义把人类看成是宇宙的中心,这一点已被科学证明是错误的。因为人类既不是生活在宇宙的中心,也不是所有生物的中心,人的生存离不开其他生物。从进化的角度看,人类并不是处在进化的终点。科学家现在知道人与动物分离的断层并不像从前那样。有些动物已进化到一个发达的交流系统,而另一些动物能制造和使用工具、教育后代、在一定的社会组织中生活,甚至可能具有审美意识,等等。因此,任何对人的独特性的定义显然只是基于程度上的差别。如果说人具有动物无法比拟的独特性,那么这种独特性同样也存在于动物之中。人所具有的那些独特性如理性、道德能力使他能够更好地适应其小的生存环境,动物所具有的那些独特性,如敏锐的听觉、高超的视觉、奔跑的速度、飞行和攀缘的技巧,也能使它们较好地适应其小环境。从进化论的角度看,人和其他生物所各自具有的优势是等值的。人所拥有的生物学意义上的独特性只是一种相对的独特性。现代科学研究已经证明,进化的过程并非线性,而是呈树状方式,因此我们人类绝不可能是物种进化的最终目的。此外,我们也不可能否定比人类更高级的智慧生命(如外星人)的存在,越来越多的证据正在积累着。如果说,人具有某种独特性,那么,这种独特性就在于他是一个有道德意识的物种,能够接受某种超越人类中心主义的世界观,能够像爱自己那样去爱其他的非人类自然存在。在这种意义上,人只有超越绝大多数动物那种以食物为中心的胃觉取向的世界观、只保护它自己的生命的自我中心的世界观和只促进同类繁衍的种族中心的世界观,他的独特性才能真正得到显现。

2) 极端人类中心主义在实践上是有害的

传统人类中心主义的逻辑是征服与控制自然,而事实证明,人类所面临的生态危机正是由这种观念造成的。现代人类中心主义虽然强调生态资源与环境的保护,但它的动机是功利性的,保护的目的是为了更好地利用,因而是一种人类的自我中心主义和利己主义。我们一直把征服和控制自然作为增进福祉的手段,现在看来却是极不明智的。如果我们把自然物仅仅当作资源来加以保护,那么这种功利主义思想就势必会在不同的自然物之间,根据我们的需要和自然物本身的稀缺程度对自然物进行排序,结果就把自然的各个部分人为划分成不同的等级。这样做,一方面加剧了人与自然对立,另一方面,对于那些被我们认为不具有资源价值的自然物也会带来灾难性的后果,也就不可能有真正的生物多样性和生态完整性的自然了。如果仅仅只从人类这一个物种的利益出发,就不会仔细考虑人与其他物种和整个生态系统的利害关系,会割断人与生态系统复杂网络之间的联系。尤其在人的利益与自然的利益发生冲突的时候,人就会为了自身的利益而使其他物种和生态系统受到危害。全球生态运动已持续了多年,各国政府在资源与环境问题上也采取了各种措施,但生态问题不是好转而是更加恶化了。这种结果正是人类中心主义和狭隘观念带来的。

3) 人类中心主义立场在逻辑上不一致

人类中心主义常常把人所具有的某些特征视为有权获得首先关怀的依据,是一种逻辑不一致的标准。因为,要在人身上找出所有人都具有而动物不具有的特征是不可能的。因此,把接受这些特征作为首先关怀的标准,就意味着排除了道德关怀领域中所有"原始"文化中的人、低智能的人、婴儿、老年人、植物人以及暂时的或永久的昏迷者。相反,像智力、自我意识、语言、使用工具能力,等等,是人和动物共有的,如果我们的道德原则具有普遍性和一致性,那么,在逻辑上,道德关怀的领域自然应当包括这些非人类的生命,而不是把它们排除在道德关怀的范围之外,不然就是犯了与种族沙文主义和性别歧视主义相类似的人类沙文主义和物种歧视主义的错误。人类中心主义把道德关怀对象限制在人类,只能被看成是一种利己主义行为。人类中心主义这种仅限于人的道德体系是独断的、不公正的、不合乎逻辑的和不健全的。因为任何一种客观的道德标准也可赋予非人类存在以道德关怀资格,把理性、自我意识和语言这些人类独有的特性作为道德关怀的唯一理由是不公正的。

4)人类中心主义特别是极端人类中心主义在道德上是可拒斥的

历史上,道德的进步过程就是道德关怀对象不断扩大的过程,从原始社会的本部落成员,到奴隶社会的奴隶主和男人,到近代的白人,再到现代的每一个民族的每一个成员,即使他是婴儿、白痴、精神病患者、不可救药的垂危病人。因此,那种把道德关怀的范围固定在人类这一物种界限内的做法,肯定是缺乏历史眼光的。如果一种伦理只是从人的利益和价值出发,从人自身的功利角度来看待人与自然的伦理关系,严格地讲,它只是一种人际伦理而非生态伦理。用这种狭隘的人际伦理原则去处理人与自然的伦理关系必然造成两者间的相互不适应。道德哲学家们从生态学的角度发现了人与非人类存在之间的某些共同特征,这些共同的特征足以使人把内在价值赋予非人类的存在。这样人对非人类的存在便有了不能推卸的义务。

2.人类中心主义的独特价值

人类中心主义环境伦理学之所以成为现代环境保护运动的主流,根本的原因就在于它突出强调了人类自身的利益和福祉。但问题是,尽管诺顿、默迪等人所说的人类中心主义是把人类作为一个共同体看待的,但严格的全人类意义上的人类中心主义至少在目前还不存在,因为人类共同体形成的前提是人与人之间关系的平等。这种纯粹的人类中心主义在现实中无法贯彻,而是必然地衍生为个人利己主义、集团利己主义、国家利己主义和民族利己主义。眼下诸多的生态环境问题无不都是这些利己主义的产物。所以,非人类中心主义通常把人类中心主义视为利己主义。

导致环境危机的主要原因,不是人们只把人类的利益当作行为的最高准则,而是大多数人、大多数民族和国家都没有真正把全人类的利益当作其行为的指针;许多人还深陷在个人利己主义、集团利己主义、代际利己主义的泥潭中,为满足自己和小团体的利益而不惜损害他人和后代的利益。因此,人类目前所面临的窘境,主要不是以人类为中心,而是还没有真正以全人类的利益为中心;真正的人类还未形成,世界被分割得支离破碎,人类自身还未被"看作一个命运与共的共同体,未被看作在辽阔宇宙中生生不息的一个有生命的自觉的实体"(阿部正雄,1985)。只有当人类真正形成一个同呼吸共命运的共同体,才会有人类中心主义。就此而言,人类中心主义把人类的福利当作环境伦理学的首要关切点,确实是抓住了问题的实质和核心。

由于对人与人之间的关系的调整制约着人与自然的关系的调整,因而,调整人与人之间的关系是环境伦理不能回避、也回避不了的问题。而且,人与人的关系和人与自然的关系虽然是互为中介的,但对人与人之间的关系的调整无疑是矛盾的主要方面,因而把人与人的关系凸现出来,强调人对人的义务对环境伦理来说就显得特别重要。

3. 超越人类中心主义

人类中心主义并没有解决环境伦理学的所有问题,也没有穷尽环境伦理学的所有可能的表现形式。在道德哲学或元伦理学层面,把利益当作确定道德原则的根据,这只是探讨问题的一种方式,即目的论方式。这种方式虽然简单易行,但把人的利益当作确定环境伦理原则的唯一根据,这似乎是不充分的,因为利益本身的合理性就是要由道德来确认的。

人类中心主义那种把人的存在维度和意义空间完全压缩和控制在人际关系范围内、把人类的形象设定为"一个只应该关心其同类的存在物"的做法是有待超越的。人类中心主义是关于人的生存的伦理学,但不是关于人的完善的伦理学。人生的意义不仅仅是生存;人作为人所拥有的潜能,并不只够他的生存之用。他的那些超出其生存所需的潜能是应该用来满足无限膨胀的私欲,还是应该用来"赞天地之化育"、突显大自然的"生物成物之德"?这显然与人类生命的终极目标和意义有着直接的关系。从这个意义上说,人是能够、也应该超越价值论意义上的人类中心主义的。马克思认为,人与自然的关系,应接受某种关于"人的完美形象"的观念的调节。马克思主义并不否认关于人的完美形象(或全面发展)的观念。这是一个包容性很强的概念,它当然应该把关于人与自然的某种理想关系或人对自然的尊重态度纳入其中。

总之,作为一种环境伦理学理论,人类中心主义是必要的,但是不充分的。环境伦理还包含着突破和超越人类中心主义的局限的可能性。

二、非人类中心主义

一般来说,在能否或者是否有必要把道德关怀的范围从人类扩展到非人类的生命或自然存在物上,存在着四种不同类型的理论主张:①主张道德是一个属人的范畴,即道德关怀的对象只能是人。不过与传统的看法不同,它把人的概念延伸到了未来的世代,认为道德不仅要关怀现在的人,也应关怀尚未出生的人,这种观点被称为现代的人类中心主义。②主张把道德关怀的对象扩大到有感觉的生命即动物身上,主张所有的动物在道德上都是平等的,人类没有虐待和滥杀动物的权利,即动物解放/权利论(animal liberation/rights theory)。③主张把道德关怀的对象范围扩大到一切有生命的存在,倡导一种尊重生命的态度,即生物中心主义(biocentrism)。④更为激进的道德立场,主张整个自然界的所有存在包括自然界中的所有存在物、整体的自然和生态过程都应成为道德关怀的对象,被称为生态中心主义(ecocentrism)。显然,这四种观点放在一起构成了环境伦理学由浅层向深层发展的过程。我们通常所说的非人类中心主义(nonanthropocentrism)便是这后三种观点相对于第一种观点的总称。下面主要介绍生物中心主义和生态中心主义的伦理观。

(一)生物中心主义

主张生物中心主义的环境伦理学家扩大道德关怀的范围,使之包括所有生命。

1. 敬畏生命

1)核心内容

现代意义上的生物中心主义是由20世纪最伟大的人道主义者阿尔贝特·史怀泽(Albert Schweitzer)于1923年在其代表作《文明与伦理》一书中首先提出来的。他认为,人类文化在本质上具有双重性:一方面,智慧可以用来操控自然力,然而人被赋予了这种力量,可能去作恶;另一方面,智慧可以用来规范和引导人类的信念和意愿,避免人类去作恶。自然界给予了每一个生命生存的愿望,我们应该根据生存愿望的概念来建立伦理,即尊重生命的伦理学。他明确指出:"善的本质是保持生命、促进生命,使可发展的生命实现其最高的价值;恶的本质是毁灭生命、伤害生命,阻碍生命的发展。"

在阿尔贝特·史怀泽看来,所谓的伦理,"就是敬畏我自身和我之外的生命意志"。一个人,只有当他把所有的生命都视为神圣的,把植物和动物视为他的同胞,并尽其所能去帮助所有需要帮助的生命的时候,他才是有道德的。因为,每个生命都是一个秘密,每个生命都有价值,而且,生命之间存在着普遍的联系。我们的生命来自其他生命,"我是要求生存的生命,我存在于要求生存的生命之中"。所以,所有的生命都是相互关联、休戚与共的。如果我们不能随意毁灭人的生命,那么,我们也不能随意毁灭其他生命。

2)遵守敬畏生命伦理的重要性

敬畏生命的前提是要对生命培养和保持敏锐的感受性,有了感受,才能去"体验"进而同情其他生命。然而拥有了感受其他生命的痛苦的能力往往会给人的生活带来苦恼,使人在自我满足和愉快的时刻,也不能无拘无束、无所顾忌地享受快乐,因为那里有他能共同体验到的其他生命的痛苦。但是,令人欣慰的是,与其他生命"共苦"(同情)所基于的敏锐感受力也同样赋予我们与其他生命"同甘"的幸福体验。毕竟,一个人如果对其他生命的痛苦麻木不仁,那他也就失去了同享其他生命的幸福的能力。因此,如果我们能够与其他生命休戚与共,让所有的生命都欣欣向荣,那么,我们能够体验的幸福不是很丰富吗?没有经历和体验痛苦,就不懂得幸福,就不能尊重其他生命为求生存而做的种种努力。

其次,通过对其他生命的同情和关心,人把自己对世界的自然关系提升为一种有教养的精神关系,从而赋予自己的存在以意义。包括人类在内的一切生命,都对生命有着可怕的无知。许多生命只有生命意志,但不能体验发生在其他生命中的一切;人们常因为自己而痛苦,虽然有时也会想到其他生命的苦,但我们不能共同痛苦,而只限于理性思考,缺少乃至丧失精神层次的感受。敬畏生命可以引领我们提升对其他生命的感受力,进而摆脱这种在感性方面的无知,从而有机会走出其他生命所苦陷其中的黑暗;同时,正是通过对其他生命的同甘共苦,我们感受到了整个世界存在的一体性,使我们之外的生命的生存涌入我们的生存之中,从而超越了我们的肉体存在的有限性,获得了一种比所有其他生命都更宽广的存在维度。我们也因此与无限的宇宙建立了一种有意义的精神联系,进而更容易地体认到生命意义的无限性,为超越狭隘的自我意识提供了可能。

根据敬畏生命的伦理,人只有在为了保存其他生命的情况下,才可伤害或牺牲某些生命,而且要带着责任感和良知意识作出这种选择。人们在生活中,确实得杀死其他生命。但是,阿尔贝特·史怀泽认为,"敬畏生命的人,只是出于不可避免的必然性才伤害和毁灭生命"。这种不可避免的必然性就是为了拯救另一个生命。例如,在宰杀牲畜和家禽时,出于减少其他生命的痛苦的目的,应提倡人道地屠宰。这一方面体现了人类对其他生命的情感,另一方面也为动物减少了临终前的痛苦和仇恨。敬畏生命的伦理可以帮助我们意识到这种选择所包含着的伦理意义和道德责任,它可以使我们避免随意地、粗心大意地、麻木不仁地伤害和毁灭其他生命。敬畏生命的伦理就是通过这种方式引导我们过一种真正合乎伦理的生活。

2. 尊重大自然

如果说阿尔贝特·史怀泽所阐述的"敬畏生命"不是思想,而是生命的一种充满感性的意识状态,那么,保尔·泰勒(Paul Taylor)则为人们接受这一伦理思想提供了充分的理论依据。保尔·泰勒在《尊重大自然》(1986)一书中,建构了一套完整的由尊重大自然的态度、生物中心主义世界观和环境伦理规范三部分组成的生物中心主义伦理学体系。

1) 核心内容

保尔·泰勒所理解的环境伦理学的核心内容是:"一种行为是否正确,一种品质在道德上是否良善,将取决于它们是否展现或体现了尊重大自然这一终极性的道德态度。"所有的自然生物都拥有自己的利益,但石头这类无生命的物质和人造机器却不拥有自己的利益。高等动物能够感受或意识到它们自己的利益,它们所拥有的利益是一种主观性的利益;低等动物和植物意识不到或感觉不到它们的利益,但某种状态能够或不能够使它们的利益得到实现,这却是客观的,因而它们所拥有的利益是一种客观性的利益。凡拥有自己利益的实体,都拥有天赋价值。而拥有天赋价值,就应获得道德关心和道德关怀,而且该实体的利益也应得到道德代理人的促进或保护。因此,如果一个存在物拥有天赋价值,我们就应尊重它。

2) 生物中心主义世界观

关于自然的生物中心主义世界观由以下四个信念组成。

第一,人是地球生物共同体的成员。保尔·泰勒认为,人的生命只是地球生物圈自然秩序的一个有机部分。人的存在的一个最基本的特点,就是他是一个生物物种的成员。人和其他生物都起源于一个共同的进化过程,而且也面对着相同的自然环境。我们与其他生物是密不可分的。我们作为地球生命共同体的平等成员的资格,是与其他生物共享的。

第二,自然界是一个相互依赖的系统。人类和其他物种一样,都是一个相互依赖的系统的有机构成要素,在这个系统中,每一个生命的生存及其生存的质量,都不仅依赖于它所生存的环境的物理条件,还依赖于它与其他生命之间的关系。生存于特定生态系统中的任何一个生命或生命共同体都不是孤立的。

第三,有机体是生命的目的中心。有机体的内部功能和外部行为都是有目标的,拥有一种恒常的倾向,即维持有机体的长久生存,并成功地使它的生物学功能得到正常发挥,从而使它的种类得到繁殖并不断地适应正在变化着的环境。有机体是一个具有目标导向的、完整有序而又协调的活动系统,这些活动都是指向一个目标:实现有机体的生长、发育、延续和繁殖。每一个有机体都会从"自己的角度"来与世界发生联系并作出"评判"。如果我们不是只把有机体当作对人的生活有功用的存在物,而是同时也当作有它自己的存在方式的具有多种属性的存在物来看待,让其他生命真实状态完整地进入我们的意识世界,那么,我们就能够真正获得一种站在其他生命的角度看待问题的能力,我们就会像高度评价我们自己的生存那样高度评价它们的生存。

第四,人并非天生就比其他生物优越。在保尔·泰勒看来,人类拥有许多独特的能力,而其他生命缺乏这些能力,这种观点是毫无根据的。因为,人所具有的那些能力只对人来说才具有价值,其他生命的生存并不需要这些能力。其他生命也拥有某些对它们的生存来说是至关重要、但对人来说是无用且人不具备的能力。因此,"人的优越性的断言所表达的,不过是一种偏爱一个特定物种而歧视其他几十亿个物种的不合理的自私的偏见而已"(Taylor,1986)。

保尔·泰勒认为,由上述四个命题组成的生物中心主义世界观是任何一个头脑清醒、没有偏见、思想开明的人都会接受的思想和信念体系。尊重大自然的态度就植根于这种生物中心主义的世界观中。尊重大自然的态度与生物中心主义世界观的内在联系,就是通过对人的优越性的否定与对物种平等原理的认可来实现的。

3. 生物平等:理想还是空想?

尽管生物平等主义在实践中还缺乏可操作性,但作为扩展人们的道德关怀范围的一种尝试,生物中心主义对人们的道德理性、道德胸怀和道德能力都提出了更高的要求。随着越来越多的义务对象进入了道德关怀的范围,人们所要承担的道德责任也越来越多了。这首先需要的是改变我们内心的道德信念和责任意识。许多人正在用实际的行动改变他们的内在道德信念,用对生命的敬畏和爱护展现他们对大自然的尊重态度。因此,对作为道德代理人的人类来说,接受生物平等主义并不是不可能的,尽管这还需要作出巨大的努力。生物中心主义或许只强调了人与其他生命直接的同一性以及这种同一性的伦理意义,而对两者之间的差异性以及这种差异性的实践意义有些忽视;它对生物平等主义所作的理论上的证明或许是不充分的——但它至少为人们展示了一个单纯、美好的道德理想,并为人与自然走向和谐共处提供了某些证明。

(二)生态中心主义

生态中心主义认为,一种恰当的环境伦理必须从道德上关心无生命的生态系统、自然过程以及其他自然存在物。环境伦理学必须是整体主义的,即它不仅要承认存在于自然客体之间的关系,而且要把物种和生态系统这类生态"整体"视为拥有直接的道德地位的道德顾客。因此,生态中心主义比生物中心主义更加关注生态共同体而非有机个体;它是一种整体主义的而非个体主义的伦理学。

1. 大地伦理学

奥尔多·利奥波德(Aldo Leopold)的《沙乡年鉴(*A Sand County Almanac*)》

问世于1949年,正值第二次世界大战之后经济复苏时期。人们都在充满信心地征服自然和利用自然,生态意识与伦理对人们来说还十分陌生。而利奥波德的聪明睿智、高瞻远瞩超过了他所处的时代,被人尊为自然保护运动浪潮的领袖,《沙乡年鉴》在美国的环境保护领域内几乎被视为一本圣书,该书的最后一节"大地伦理"(land ethic)是对生态中心主义环境伦理的第一次系统阐述。

利奥波德认为,人类只根据人类中心主义的价值观决策人类生态活动的方式是非常危险的,因为这种生态方法论往往忽略、进而排除那些在大地共同体中没有商业价值的许多成员,而这些成员正是大地生态系统完善功能的基础。为此,他强调,必须转变传统的人与自然关系的思维方式。以往只以人类的角度考虑人与自然的关系,把自然视为人的资源,现在应该从自然的角度综合地考察人与自然的关系。他倡导尊重自然界的"文明"。

利奥波德认为,目前,"大地"仍被看成一种财产,我们对它只享有特权,不负有义务。大地伦理学的任务就是扩展道德共同体的界线,使之包括土壤、水、植物和动物,或由它们组成的整体——大地,并把人的角色从大地共同体的征服者改变成大地共同体的普通成员与普通公民。这意味着,人不仅要尊重共同体中的其他伙伴,而且要尊重共同体本身。这一共同体的范围也是道德共同体的范围。

道德情感是大地伦理学的一个重要基础。利奥波德指出,不能想象,在没有对大地的热爱、尊重和敬佩以及高度评价它的价值的情况下,能够有一种对大地的伦理关系。大地伦理的进化其实不仅是一个感情发展过程,它也是一个精神发展过程。当伦理的边界从个人推广到共同体时,它的精神内容也增加了。大地伦理学的这个新的精神内容就是:"一件事情,当它有助于保护生命共同体的完整、稳定和美丽时,它就是正确的;反之,它就是错误的。"①

在利奥波德看来,大地金字塔是一个由生物和无生物组成的"高度组织化的结构",通过这个结构,太阳能得以在多层次流动(图4.1)。这样一个高度组织化的结构的正常运转取决于两个条件,一是结构的多样性和复杂性,一是各个部分的合作与竞争。由对生物

图4.1 大地金字塔结构

---

① 〔美〕奥尔多·利奥波德.沙乡年鉴[M].侯文蕙译.长春:吉林人民出版社,1997:212.

共同体的上述理解,人对生物共同体的义务可以具体化为两点:①保护生物共同体在结构上的复杂性以及支撑这种复杂性的生物多样性;②生物共同体虽然是一个可以自我调节的系统,但它的这种调节需要较长的时间,因此,人对生物共同体的干预不应过于剧烈;人为改变的激烈程度越小,金字塔自我修复的可能性就越大。

大地伦理学把生物共同的完整、稳定和美丽视为最高的善,它并不把道德地位直接赋予植物、动物、土壤和水这类存在物。共同体本身的"利益"才是确定其构成部分的相对价值的标准;它是裁定各个部分的相互冲突的要求的尺度。因此,在大地伦理学看来,由于多样性有助于共同体的稳定,因而属于珍稀和濒危物种的生物个体理应优先加以关怀;而那些在大自然的"经济系统"中发挥着特别重要的功能的动物所获得的道德关怀,也应多于那些虽具有较复杂的心理能力和感觉、但数量庞大、遍布全球、繁殖力强的动物。

2. 深层生态学:生物圈平等主义与自我实现论

1)概述

深层生态学(deep ecology)是挪威哲学家阿伦·奈斯(Arne Naess)于1973年在其《肤浅的生态学运动与深层的、长远的生态学运动:一个总结》一文中首次提出来的。从此,深层生态学就成了一种新的环境哲学和环境伦理学流派的代名词。它的基本特征可以通过与浅层生态学(shallow ecology)的比较来加以说明。

浅层生态学运动的特点是,只把生态学当作研究地球的众多学科中的一门科学来看待,它只关心医治生态危机的表面症候,而不深究这种症候的深层根源。深层生态学运动把生态学当作一种特殊的、代表新的"思想范式"的科学来看待。深层生态学运动是包含着价值论、政治学和伦理学内容的广泛的社会运动,其目标是要倡导一种与自然协调的新生活方式。

浅层生态学是以人类为中心的,认为人与其环境是分离的,浅层生态学保护环境只是由于它对人有价值。深层生态学把人和生物体视为生物网的网结和创造活动的组成部分。深层生态学不以人类为中心,它承认非人类成员的内在价值,它们具有顺从自己的发展命运的权利是一种在直觉上的自明的价值规律。

浅层生态学信奉"分离的整体的形而上学",赞成占主导地位的机械唯物论的形而上学。深层生态学赞成"过程中的统一"的观念,认为所有的事物基本上都是相互关联的,而且它们之间的关系是不断变化的;它强调伦理学和形而上学之间的联系,认为在生态学方面有成效的伦理学只能产生于一种具有说服力的宇宙论;它还尊重许多东方的泛神论的世界观。

浅层生态学毫无保留地赞成经济增长的观念,它只关心资源的管理和利用,并且经常采用经济还原法来进行决策。深层生态学则着重反思和变革现存的社会、政治及经济安排,并用生态承受力的概念来代替经济增长的观念,坚决反对对价值进行经济还原。它关注地球的承载力,强调勤俭、合适的住所、文化和生态的多样性、地方自治和分权化、软能源道路、合适的技术、重新定居和生态地区制度。

2)生物圈平等主义

深层生态学理论的最高前提是基于整体主义世界观的。这种世界观认为,人不是与自然相分离的,而是自然的一部分。包括人在内的所有存在物的性质,是由它与其他存在物以及自然整体的关系决定。从原则上讲,每一种生命形式都拥有生存和发展的权利。虽然我们为了吃饭而不得不杀死其他生命,但是若无充足理由,我们没有任何权利毁灭其他生命。随着人们的成熟,他们将能够与其他生命同甘共苦。

生态中心平等主义(ecocentric egalitarianism)或生物圈平等主义(biosphere egalitarianism)的基本观念是,生物圈中的所有事物都拥有生存和繁荣的平等权利,都拥有在较宽广的大我的范围内使自己的个体存在得到展现和自我实现的权利。而其他存在物拥有这种权利的根据,是由于它们和我们具有同一性,它们是我们认同的对象;既然我们认为我们拥有内在价值,那么,作为我们认同对象的其他存在物也拥有内在价值。

深层生态学家认为,生态中心的平等在下述意义上与自我实现密不可分,即如果我们伤害了自然界的其余部分,我们就将伤害我们自己。自然存在物之间并不存在绝对的界限,所有的事物都是相互联系在一起的。只要我们把自然存在物理解为有机体或实体,我们就会把人类和非人类个体本身当作整体的一部分来予以尊重;同时,我们也不会感到,需要建构一种使人类处于顶层的物种等级制。在深层生态学家看来,这样一种观念在"原则上"是可信的,而且,这主要是一种直觉。一旦我们体认到这一境界,便自然具有了"生态智慧"。

这种直觉或规范的实践要求是,我们应选择这样一种生活方式,这种生活方式能够把我们对其他物种和地球的影响降低到最小的范围内。这就要求我们认识到,我们的根本需要不仅包括对食物、水和住所等生活必需品的需要,还包括对爱、游戏、创造性地表现自我、与他人和特定景观(或作为整体的自然)保持亲密关系的需要以及对精神成长、变为成熟的人的需要。在深层生态学家看来,我们的根本的物质需要也许要比许多人所认为的要简单得多。在工业社会中,各种产品的宣传和广告攻势总是一浪高过一浪,它们激发的是虚假的需要和毁灭性的欲望。其目的是为了增加商品的生产和消费。事实上,大部分这些需要和欲望总是迷乱我们的性情,使我们不能客观地面对现实,难以关注精神的成长和成熟这类真正的人生大事。因此,生态中心平等主义要求我们重新理解人生的意义和价值,改变我们的生活方式。

阿伦·奈斯认为,当人的利益与其他存在物的利益发生冲突时,可用两条原则来加以解决:一是根本需要原则,即根本需要优先于非根本需要,不管需要的主体是谁;二是亲近性原则,即当相同的利益或义务发生冲突时,那些与我们相同或相近的存在物的利益具有优先性。

3) 自我实现论

深层生态学所理解的"自我"是与大自然融为一体的生态"大我"(Self),而不是狭隘的"自我"(self)或"本我"(ego)。在近现代西方伦理学中,自我一般都被理解为一个孤立的、主要追求快乐主义式的满足或个人的获救的"本我"。深层生态学认为,这种意义上的自我是对大我的肢解。只有当我们停止把自我理解为孤立的、狭隘的、相互竞争的本我,并使我们的认同对象从我们的家人扩展到其他人,从我们的朋友最终扩展到人类时,我们的精神成长才会开始。正如奈斯所说,"所谓人性就是这样一种东西,随着它在各方面都变得成熟起来,那么,我们就将不可避免地把自己认同于所有有生命的存在物,不管是美的丑的,大的小的,还是有感觉无感觉的"。在自我实现中,人不再是孤立的个体,而是无所不在的关系物;自然也不再是与人分离的僵死的客体,而是"扩展的自我"。

自我实现的过程,也就是逐渐扩展自我认同的对象范围的过程。通过这个过程,我们将体会并认识到,我们只是更大的整体的一部分,而不是与大自然分离的、不同的个体;人是由我们与他人以及自然界中其他存在物的关系所决定的。因此,自我实现的过程,也就是把自我理解为、并扩展为大我的过程,是缩小自我与其他存在物的疏离感的过程,是把其他存在物的利益看作自我的利益的过程。逐渐扩大认同范围的过程,也是自我日益成熟的过程。随着自我认同范围的扩大和加深,我们将"在所有存在物中看到自我,并在自我中看到所有的存在物"。通过认同,我们将体验到与其他存在物的较高层次的统一。没有认同,就不会有同甘共苦,也不会有对其他存在物的同情。

阿伦·奈斯亦指出:最大限度的自我实现离不开最大限度的生物多样性和最大限度的自动平衡;因此,生物多样性保持得越多,自我实现得就越彻底。如果作为我们认同对象的他/它者的自我实现受到阻碍,那么,我们的自我实现也将受到阻碍。我们只有依据"活着并让其他生命也活着"的原则,帮助他/它者的自我得到实现,才能克服这一障碍(Naess,1986)。

深层生态学将自我实现作为环境伦理基础的意义在于,第一,可以使环境保护的主张更容易被人们接受。因为,如果我们的自我属于一个包括了我们生存于其中的整个生物共同体的较大的自我,那么,对森林、动物及山河大地的破坏就成了对我们自己的破坏,保护地球就成了一种"自卫",而大多数道德和法律体系都能为"自卫"提供充足的理由。第二,可以超越利己主义与利他主义的对立。由于西方主流文化往往把个人理解为彼此孤立的、相互竞争的个体,因而它也常常把自爱与爱他人、自利与利他对立起来。奈斯却认为,对他人的爱是离不开自我的,利他主义不可避免地要把自我当作它的出发点(但不是归宿)。通过扩大认同范围,人们在自己的生存和他人的生存、自我的存在和自然物的存在之间建立了某种有意义的联系,自我与他我之间的存在鸿沟被填平了,于是,"自我与他者的对立被超越了,人们对大我的自我实现和成长的追求,完成了利他主义要想完成的任务。因此,利己主义与利他主义的区别也被超越了。"①

当然,从人性的潜能来说,把小我认同于生态自我不是不可能的。人本主义心理学家马斯洛(Maslow A H)所描绘的自我实现的人的一个重要的心理状态和精神境界就是:"倾向终极整体的状态,即倾向整个宇宙,倾向全部实在,以一种统一的方式看待实在。"从存在心理学的角度看,"不仅人是自然的一部分,自然是人的一部分,而且人必须至少和自然有最低限度的同型性才能在自然中生长。……在人和超越他的实在之间并没有绝对的裂缝。人能和这种实在融成一片,把它归并在他关于他的自我的规定性中,对它的忠诚就像对他的自我的忠诚一样,他于是变成它的一部分,它也变成他的一部分。他和它相互交叠。……和终极实在的欢乐融合……是对我们与大自然同型的深刻生物本性的承认。"②

马斯洛的自我实现论为深层生态学的生态自我实现论提供了一个心理学的证明。目前,只有极少数人才能达到自我实现的完整境界,完整的自我实现对大多数人来说还只是一种理想。理想是难以用某种强制手段使其变成大多数人的内心信念和自觉追求的。对深层生态学来说,如何使它们的这种理想变得比其他理想更具吸引力和说服力,仍然是摆在它们面前的一个难题(其实这也是人类共同面临的难题),因为深层生态学仍然缺乏诸如提升人的直觉以求证其真实性、提高人的精神境界以实现其目标等方面的行之有效的方法。或许,深层生态学应该从东方传统中去寻找。

综上所述,人类走向生态文明,应首先从强式人类中心主义转到弱式人类中心主义和非人类中心主义。在理论上,非人类中心主义是更理想化、更完善的伦理观,但在实践上,弱式人类中心主义是很实用的伦理观;相对而言,二者实际上可以看作是人类伦理观的两个不同境界或层次。就现代社会现状而言,走出人类中心主义的时机远未达到,虽然可能有理论意义,但毕竟建设生态文

---

① Devall B, Sessions G. Deep Ecology[M]. Layton: Gibbs Smith, 1985:67.
② 马斯洛. 人性能达到的境界[M]. 林方译. 昆明:云南人民出版社,1987:329.

明绝不只是个理论问题,它主要还是实践问题。所以,二者没有对错之分,只有适用与不适用之别。

第二节 生态文明伦理道德的基本原则

一、自然的价值

（一）自然价值概念

所谓"自然",是指除了人和社会以外的自然事物,是各种自然物质、能量、信息、空间系统的总和。这一概念把人排除在自然之外,便在人们的意识中埋下了人与自然对立的隐患。所谓"价值",一般表示事物对于人的功用。说某一事物有价值,是指它对人有用,符合人的利益,能满足人的需要。许多自然事物对人有用,能满足人的需要,它作为资源进入社会物质生产过程,对经济发展有重要作用。以往的价值概念主要用于经济学中,表示凝结在商品中的一般劳动,或社会必要劳动,而自然界是没有价值的。

马克思主义的价值论认为,价值是一个关系概念。它的本质在于,现实的人同满足其某种需要的客观事物的属性之间的关系。价值是指客观事物的属性对人和社会有积极意义,即能满足人和社会的某种需要。虽然价值不单纯是客观事物属性的反映,但它又是对客观事物属性的评价和应用。因此,任何价值都有其客观基础和源泉,即客观事物的属性,它具有客观性。

1. 自然界是否存在价值?

关于自然价值的问题,人们有多种不同的看法。科学家说:科学只涉及事实,不涉及价值,它追求真理,至于自然界有没有价值,那是别人的事情。哲学家说:只有人是主体,因而只有人有价值;自然界作为客体,只是人的对象或工具,可以作为人的资源,离开人它无所谓价值可言。经济学家说:劳动是一切价值的源泉,世界上全部商品是劳动创造的,只有劳动产品才有经济价值,自然事物并不是劳动产品,它是没有价值的。西方神学家说:上帝创造了世界和人,世界上只有上帝有价值。经典哲学和伦理学,依据只有人有价值、生命和自然界没有价值的观点认为,只有人是值得尊重的,因而只对人讲道德,只有人有权利;人对生命和自然界没有责任,因而对它无所谓道德问题,环境伦理和生态伦理是不可能存在的。

环境伦理学则认为,生命和自然界也是自主的存在,同人一样也追求自己的生存,因而是有价值的,是值得尊重的。我们对它承担了责任,应当承认它们的生存权利。

2. 自然价值概念的含义

(1) 自然价值概念的对象性含义。在人与自然的关系中,以人为主体时,从人与自然的角度或主体与客体关系的角度,自然价值表示它是人类的对象,作为资源对人这一主体具有功利意义:生命和自然界具有商品性价值与非商品性价值。自然事物作为资源,能满足人和其他生命的需要,符合人和其他生命的利益。自然事物是价值的载体,自然价值主要是由自然事物的性质决定的,是客观的。这是自然界的外在价值。对人而言,它对人有功利意义,即具有有用性,因而具有价值。

(2) 自然价值概念的主体性含义。生命和自然界是自主存在的,即它是生存主体,追求自己的生存,因而是有价值的。这是生命和自然界所具有的以自身为主体、以自身生存的目的的内在价值。

(二) 自然价值的客观性

20世纪的主流观点是自然价值主观论,即价值是由人的意识和意志决定的。然而,自然事物是自然价值的载体,所以自然价值的性质是由自然事物的性质决定的,因而是客观的。下面从本体论、认识论和实践论三个层次加以说明。

1. 在价值本体论的层次,自然价值具有客观性

从价值存在论的角度看,生命和自然界的价值是不依赖于人的意志的客观存在。在这种存在中,自然价值的载体是自然事物,它的价值是由自然物质的性质、结构和功能决定的,因而是客观的。人类对它的认识和利用,虽然不能离开人的主观性,但是在这里也是在实践的基础上主观与客观的统一。自然的存在及其价值不依赖于评价者的认识、评价或经验判断,而是由自然史逻辑必然地产生的,因而是客观的。

2. 在价值认识论的层次,自然价值具有客观性

当人们选择某一事物为自己的价值对象时,是从自己对事物的感觉和体验开始的。人们通过主观认知,感知和发现自然价值,体验和评价自然价值。人的意识对价值的认识起决定性作用。因而在认识论层次,价值具有主观性。但价值认识的内容是客观的,它是事物的客观属性的反映,仍然具有客观性。

3. 在价值实践论的层次,或者在文化的层次,自然价值具有客观性

人对自然价值的认识必须经过实践得到确认,这种确认表明它的客观性。从人与自然关系的角度,人类以各种尺度认识和评价自然价值,并依据这种认识和评价,在自然价值的基础上创造文化价值,实现对自然价值的开发利用。

这是自然价值转变为文化价值的过程,或自然价值转变为人类福利的过程。这是自然价值的客观性与主观性的统一。

（三）自然内在价值的论证

自然界的内在价值的问题,是环境伦理问题中疑惑最多、论证最困难的问题,同时也是不可忽略的、非常重要的问题,需要对它进行存在论的哲学论证。在生态伦理学中,关于自然的内在价值问题是一个不能回避的,而且是非常重要的问题。我们将详细地从如下五个方面加以论证。

1. 关于生命和自然界的目的性

自然的内在价值是由生存主体的目的性来定义的。同人类一样,生命和自然界也追求自己的生存,也具有目的性。生存是生命和自然界的目的和第一要务,生存表示它的成功,追求生存,实现生存,这就是它的目的,就是它的内在价值。现代科学揭示了世界不同层次的内在目的性。维纳等人著《行为,目的和目的论》一书,把目的性分为三个层次：

①人的目的性。它是人类自觉的和有计划的追求和行为。这是有意识的,是最高层次的目的性。

②动物和植物的目的性。它是生物有机体对外界环境的一种适应性,利用环境资源以维护自己的生存和繁殖后代,这是一种本能。这是低一个层次的目的性。

③无机自然界的目的性。这是在反馈机制作用下或协和力作用下,维持或趋向一种特定的稳定状态,以保持系统内部与外部环境相协调的特性。这是物质本身作为主体,保持它自身的运动、自组织、自维持的性质。这是第三个层次的目的性。

因此,生态伦理学认为,生命和自然界是有内在价值的。我们尊重自然,不仅在于把自然物视为对人类有利的工具,而且应当视为一种活着的存在。这是自然界内在价值的伦理学论证。

2. 关于生命和自然界的主体性

生态哲学把存在论与价值论统一起来,从"主—客关系"统一的角度,来说明生命和自然界的主体性。在现实世界中,生命和自然界的生存和发展是客观的。这种生存和发展的客观性,表现了它的主体性。

在宇宙环境中,生命和自然界是自组织系统、自我维持系统,按照一定的自然程序（自然规律）自我维持、自我组织和不断地再生产,自为地进行自己的生命活动,以自己独特的形式表达自己、表现自己。它自主地决定,不需要它物作参照,在自然遗传、生态、进化史上,达到自己的目的,完成自己的使命,从而实现自身的发展和演化。

地球上不仅人是生存主体,生命和自然界也是生存主体。主体与客体的关系是相对的,当说到人对自然的作用时,人是主体,自然是客体;但是,自然不是任人随意摆布的,它对人的作用都作出反应,它可以作为主体。因为在这种相互作用中,虽然人是行动者,自然是行动的对象,是客体;但是同时,人又是自然的反作用的对象,在这个意义上,自然界是主体,人成为客体。也就是说,在世界存在的意义上,主体不是唯一的,不仅人是主体,其他生命形式也是主体,都有主体与客体的关系。由于生命和自然界是生存主体,所以它具有内在价值。

3.关于生命和自然界的主动性

物质的主动性是随着物质的进化不断提高的。物质自发的运动、进化与发展,表明世界上不存在无主动性的存在形式,只是物质演化的不同阶段,有不同形式和不同程度的主动性。物质运动的源泉在物质本身,这表明物质包含主动性。否则,物质变化发展的原因就得不到说明。

物质的主动性可以分为三个层次:无机物的主动性;生物的主动性;人的主动性。物质主动性主要表现在它的微观领域,宏观的主动性只是一种潜在的形式,或潜在的主动性。世界的存在,物质的存在,是不能与它的运动分离的,这种动态性表明,它不是全然消极的。否则,生命和精神的产生以及它对物质的作用,是不可能得到解释的。

美国物理学家卡普拉(Capra F)说:"从宏观角度看,我们周围的物质客体是消极的、无自动力的。但是,当我们把这样一些'死'的东西放大,我们就会看到,其中充满运动。观察越细,活动越强。在我们周围的环境中,所有物质客体均由原子构成,原子以各种方式相互联系,形成了极为多样的分子结构,它们不是僵硬不动的,而是根据自身的温度振动着,并与周围环境的热振动相和谐。"[①]在原子内部,电子、中子、质子,以难以想象的高速运动着。而它们的本质只是一种波动,一种能量的变现状态。也就是说,物质世界在本质上是由无形(没有实体)的能量波动构成的。爱因斯坦关于质量与能量相互转化的理论已经定量揭示了这一本质。现代物理学充分揭示了物质的存在是动态的,而不是消极的和无自动力的。所以说,物质的存在不是僵死的,它具有某种形式的主动性、积极性和创造性。波动理论告诉人们,世间万物都处在波动的能量状态中,各自拥有一定的波长和固定的频率。不仅人们周围的物体呈波动状态,就连我们的心理变化和情感活动也呈现为一种波动状态。日本量子力学家江本胜博士的

---

① 卡普拉.转折点:科学、社会、兴起中的新文化[M].冯禹等译.北京:中国人民大学出版社,1989:62.

水结晶实验表明,水能接收并记录这些波动的信息和能量,并主动改变自身的结晶模式,有力地证明了物质具有主动性的事实,也充分揭示了物质与精神在本质上的统一性。

生物运动形式产生之后,出现了生物与环境的关系。生物作为生存的主体是物质的一种形态,是自然界的一部分。在与环境的相互作用中,生物依赖环境生存,在适应环境中成为生存主体;生命生存对环境发生作用,引起环境变化,环境成为客体,是生物赖以生存和发展的基础。任何一个生命有机体,都是自主组织、自主活动、自主维持的系统,它对环境的反应不是被动的,而是具有主动性的。生命在自主活动中对环境产生重要的作用。在这里,生物具有主体地位,是不自觉的和无意识的,是本能地以自己的生存为基础的。因而它的主动性仍然是一种初级形式的。生物与环境的长期作用的结果,是创造了地球上适宜生命生存的条件,形成新的生物地球化学平衡。这是生命主体性以及它的主动性、积极性和创造性的表现。

作为主体的人是自然界的一部分,是生物有机体中的一员。但是,人又是有意识的存在物和社会存在物,具有智慧,主体性和主动性在这里达到了高级形式。人与自然的关系作为主体与客体的关系,在自己的认识和实践活动中,把自己与自然界分开,运用自己制造的工具通过劳动作用于自然界,创造文化价值,它表现了人的自觉的能动性。这是最高形式的主动性。但是在这里,并没有摆脱主体与客体相互依存、相互制约的关系,一方面是人对环境的作用,另一方面是环境对人的作用,特别是人类活动改变了的环境对人的反作用,表现了自然环境的主动性。

4. 关于生命和自然界的"价值评价能力"

每一种生物都是一种必然的存在。生存是它的目的。为了生存,对于什么有利于它的生存,什么不利于它的生存以及怎样维护自己的生存,它要对环境进行评价。也就是说,生物"知道"如何去适应环境,例如,一种植物生长在它所适宜的土地上,它的枝干、叶片和根系有利于吸收阳光、水分和其他营养元素;动物的形体、结构和行为,发展出适合于生活、觅食和传代的特征;所有生物在环境发生变化时,都会以改变自己的方式去适应这种变化;所有生物都发展出有利于自己繁殖后代的特殊方式;所有生物都"知道"如何寻找食物、修补创伤、抵御死亡和追求自己的生存。这是以对环境、对自己与环境的关系的认识和评价为前提的。这里的生命可指地球上的生命实体,它包含多个层次:人—动物—生物—物种—生态系统—地球—自然界。当它们面对各种不同的可能性,需要作出不同抉择时,便发展出评价的能力。也就是说,动物作为生存主体,为了追求自己的生存,它具有"价值评价能力",具有认识能力,通过认识达到自己的生存目的。生命和自然界有"价值能力",因而是具有内在价值的。

5. 关于生命和自然界的智慧

从现代科学角度来看,人是地球上具有最高智慧的动物。但是,是不是只有人有智慧呢?如果是这样,那么人的智慧是从哪里来的?智慧是主体认识客观事物和解决实际问题的能力。如果我们承认人以外的生物和自然界也是生存主体,也追求自己的生存,也有"价值评价能力",也具有主动性、创造性,那么我们就应当承认,不仅人具有智慧,其他生命和自然界也具有智慧。

科学研究证实,荒野中的捕食者也使用伪装,因为伪装能帮助它悄悄地靠近猎物;同样,被捕食者如雪兔,伪装能帮它避开狐狸的注意;许多动物能在环境改变时改变自己的颜色。动物伪装或改变颜色,是感知环境发生了变化,并且对这种变化作出反应。现代科学承认,人类对动物有误会,对许多动物进行研究后发现,它们的智力水平是很高的。许多生物能表现出记忆、意识和感情,会使用甚至能够制造简单的工具;有的动物会撒谎;有的动物在人的帮助下能使用简单语言;等等。基于大量的事实,现代科学不得不作出结论:人类可能不像我们以前所想象的那样与众(其他生物)不同。

植物虽然没有大脑,但科学研究表明,过去人们极大地忽略了植物对外界作出反应的方式的复杂性,其实,它能够以各种方式对细微的感觉输入作出反应,植物不但能预测未来,还能记得曾经历过的事情。如果遇到问题,还能设法回避或者作出智能反应。100多年前达尔文(Darwin C R)就指出:"在某些方面,植物对光的反应,几乎和动物通过神经系统作出的反应如出一辙。"现代分子生物学显示,动物的神经系统和植物的信号系统是非常相似的。

地球生物圈已经有30多亿年的历史。经过漫长历史进化形成的生态系统,在进化过程中经历了各种考验,形成其各自的优点,它的功能和结构具有自动调节和自动控制的性质,因而使系统的能量输入输出保持动态平衡状态,既有最佳的生产能力,又能避免危及系统存在的恶果。自然生态系统,只要它正常运转,所有输入生态系统的物质,通过食物链一级一级地转移,在一种有机体利用之后,转化、再生为另一种有机体可以再利用的形式,几乎所有物质都在循环中被利用。因而,生物圈的物质生产过程,是一种废物还原和废物利用的过程,一种无废料生产过程。它与人类社会物质生产相比,具有无比的优越性。

可见,人是地球上具有最高智慧的物种,这是大自然通过人表现自己的智慧。但是人的智慧不是独一无二的,其他生命形式也有智慧。

生命和自然界是非常宝贵的。它具有价值,而且是终极的价值。这是我们未来能够持续生存的希望所在。因此,我们要热爱生命,保护自然。美国哲学家霍尔姆斯·罗尔斯顿说:"如果我们在拥有了整个世界后很快又会失去它的话,这样的拥有又有什么意义呢？我们可能会在经济价值上有所得,但如果我们会因此失去很多科学、美学、娱乐、宗教等价值,会失去自然历史的一个仙境,失去一个既超越我们又支撑我们的完整野性的领域,甚至在这交易中会失去我们灵魂的一部分的话,获得一点经济利益又有什么意义呢？"[①]蕾切尔·卡逊说："我们必须与其他生物共同分享我们的地球。"(1962)这是关于自然价值研究的科学结论和道德结论。

二、自然的权利

(一)自然权利的概念

1. 对自然权利概念的界定

什么是权利？从法学的角度讲,权利可以指法权,即作为某一社会群体共同约定的合法的权利。从伦理科学的角度讲,权利是指社会道德权利。这种道德权利是与义务和责任相辅相成的。从生存的角度讲,权利是一种生存权利,是指人生具有的权利,又称自然权利（natural rights,亦称天赋权利)。自然权利是指人不可被剥夺的权利。从政治的角度讲,权利是指一种能力,指有权确立和豁免人或物的名分或合法关系的能力,与权力和权位的意义相当。

可见,权利概念具有多意性,易引起歧义,而且是多层次的,法律、伦理、经济和政治等不同的学科对权利概念的定义都有不同的侧重。然而不同权利概念都由具有共性和统一性的要素构成,这些要素中的任何一个都可以表示权利的某种本质,包括利益,主张,资格,力量,自由。由此,自然界的权利是指为维护自然界的利益而提出的合法的或合理的主张,并通过法律的强制、道德的舆论和"大自然报复"的力量得以实现的。

为什么要建立自然的道德权利？在现实生活中,人与自然打交道,有许多情况是人们的行为虽然不触犯法律,但在态度和行为上有使人与自然关系趋于紧张的倾向。所以,社会有责任在道德上明确提倡什么,反对什么;指出对自然的哪些行为是对的,是应尽的道德义务,哪些是违背自然的该纠正的错误行为,铺设人与自然关系文明发展的和谐轨道。这就是要建立自然道德权利的基本目的。

2. 建立自然权利的道德轨道

建立自然的权利在道德上的导向,可以通过人道的类比体现出对自然的深刻的人文关怀。比如在环境伦理学中人与自然平等学说指谓的"人有权生存,自然也有权存在";"人有内在价值,自然也有固有价值"的逻辑。这种方式是人

[①] 〔美〕霍尔姆斯·罗尔斯顿.哲学走向荒野[M].刘耳,叶平译.长春:吉林人民出版社,2000:325.

道主义道德原则在人与自然关系中的应用。这是从人的道德权利扩展到其他自然事物道德权利的一种方式。

另一种通向自然权利的道德轨道,即保尔·泰勒主张的"信仰支配行动"的轨道。即建立并确证一个人与自然关系的新的道德体系,人们通过学习这个道德体系并内化为他们坚定的信仰,达到承认自然的道德权利并愿意选择对自然尽责任和义务的目的。这种道德体系包含了生态道德的世界观、价值观和权利观。

3. 扩展自然权利的意义

在人类漫长的发展史中,伦理思考的边界首先是自我,而后是家庭、部落和部落群,伦理的尺度由个人利益、家庭利益扩展到部落和某一地区的局部利益,之后又从局部地区的道德原则,扩展到国家种族、人类,现在开始思考动植物的道德身份和生态系统对人类的约束原则(图 4.2)。例如,美国关于权利的概念,由自然权、人权扩展到自然界的权利的历史重大事件(图 4.3),在某种程度上能够大体上说明人类伦理思考边界的扩展,特别是道德权利的扩展趋势,具有重要的意义。这表明,随着人类文明的发展,人类纳入道德考虑范围的对象不断地增加,人类行为的约束条件不断地增多,公平、自由和博爱的理想逐渐得到弘扬和落实。由人际道德扩展到生态道德,这是人类文明史上的重大转折。

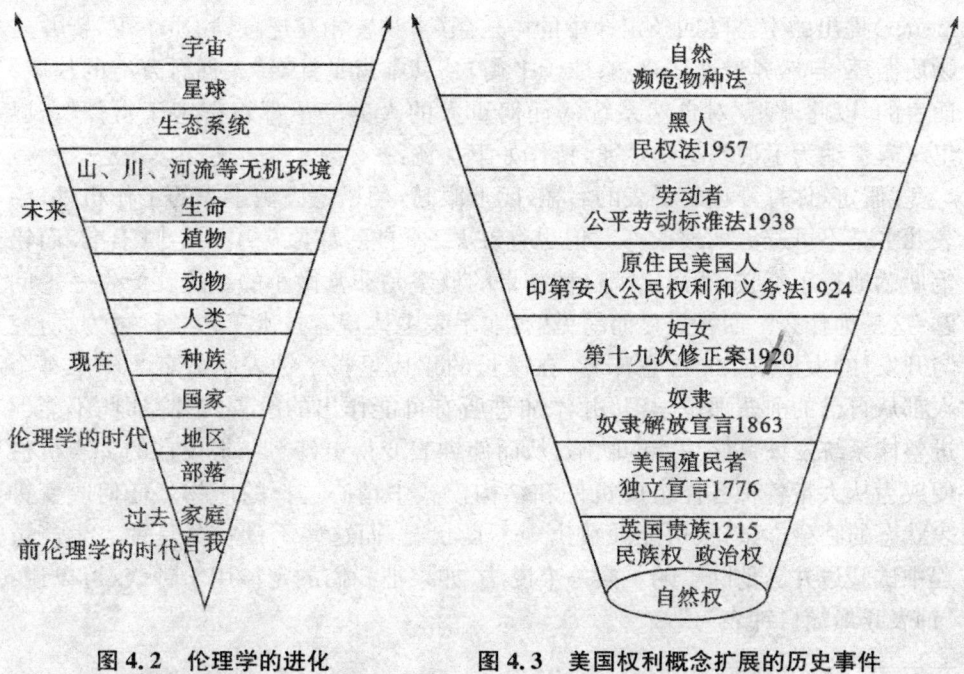

图 4.2　伦理学的进化　　　　图 4.3　美国权利概念扩展的历史事件
　　(余谋昌等,2004)　　　　　　　(余谋昌等,2004)

以往人类道德只涉及人与人之间的社会关系，个人之间以"对人如己"相待；个人与社会之间的利益冲突以公共的长远利益为尺度来调节。现在，生态学家和生物学家从不同的科学研究领域，确证人与其他生物在生机上的统一性以及共处在一个"社会"之中的相互依存性，揭示了人类行为受自然约束和限制的科学事实，映射出自然有一些不可侵犯的权利。特别是人为造成的全球生态危机对人类生存的威胁，致使人们把生存平等、公正的道德概念应用到自然界，促使人们进一步发现人类是大地生态系统中的一员，人类的行为应符合大地生态系统的行为规则。从而，在人类文明发展史上实现了对自然的认识和对自身认识的重大转变。即自然界生物圈不仅是供人类消费的物质资源，而且更重要的是包容人类在内的活着的生态系统；人类也不是自然的征服者和主宰者，而是其中的生物成员、道德代理者和管理者。人类社会与自然的矛盾冲突，自然界具有一定的弹性限度，这种相对于约束和限制人类行为的自然界的弹性限度，就是人们应尊重的自然界的权力。

（二）自然权利的内在属性

1. 自然界最懂得自然

"自然界最懂得自然"，这是美国著名生态学家巴里·康芒纳（Barry Commoner）提出的生态学四条定律中的第三条（事物皆相互连接；物质不灭，皆并入物质循环；自然界最懂得自然；取予平衡）。其本意是针对"人拥有万能的权威"而言的，以此说明"对自然系统的任何重大的人为变革都将有害于自然"。巴里·康芒纳为了说明这个定律，特作如下类比：

"假定，你打开你的手表的后盖，闭上眼睛，用铅笔去戳手表的工作机件，手表几乎是不可避免地被毁坏。但也存在某种可能，如原先手表走时不准，而铅笔偶然地校正了它，然而出现这种结果的概率是非常微小的。这就产生一个问题：这是为什么？回答是显而易见的：在手表中体现着技术工艺学称之为'研究与开发'的大量成果。这意味着，在漫长的年代里整个钟表制造者大军中每个人都从自己的前辈那里学习，并添加进所有可能作出的改善，消除那些不能促进整体系统发挥良好功能的缺陷，从而使钟表变得更好。结果现在的钟表机械便成为从大量各种各样组成机件和结构模式中精心选择的产物。任何改变钟表状态的瞎碰尝试，很可能导致出现不良状况，而这些不良状况是钟表生产过程中试验过并已消除了的。换一个说法，如果把我们的定律用于钟表，可以说：'钟表匠最懂得钟表'。"[1]

---

[1] 〔美〕巴里·康芒纳. 封闭的循环[M]. 侯文蕙译. 长春：吉林人民出版社，1997.

这第三定律至少说明了三方面的伦理意义：①地球生物圈是一个有完整结构、运转精良的自组织系统。②我们应该对地球生物圈完整的结构关系抱以尊重的态度。③我们应该不干违反生态规律的事——人为地把自然界不存在的人造有机物引入生物体，并参与生命系统，极可能会带来危害。

美国黄石国家公园是美国最原始、最自然的生态区域，但在建园之后不久，这一区域生物链的最高掠夺者狼便被赶尽杀绝。之后，麋鹿的数量开始向上猛增，杨树和柳树停止繁殖，植被减少了，拉马尔山谷中的裸露土地越来越多，许多种类的生物不得不迁走。在1995年和1996年，狼群被重新运回了黄石公园。随着狼的数量开始攀升，植物开始繁荣，为海狸带来了食物，也起到了稳定河床、防止侵蚀的作用；河流中出现了更多的鱼类和大鱼，鼠类大量繁殖，促进了红狐和猛禽的增长；所有的食腐动物都开始恢复了，从灰熊到鹊鸟都出现了数量上的增长，白头鹰、豹鹰、山狗、大乌鸦和鹊鸟再次大量出现。生态学家说："狼来到黄石，就跟水进入沼泽地一样"——它成为形成生态系统的主要力量（2004）。随着"狼效应"研究的继续，人们越发感觉到生态系统功能的复杂以及自然界的奇妙，而之前对此的了解实在是太过肤浅，对自然的一厢情愿的人为干预行为太过草率和武断了，人类距离"懂得自然"还差得太远。

"自然界最懂得自然"，其本意绝没有让人放弃科学技术回归原始的采集狩猎时代的意味。其真实目的是以四条生态学定律为指导思想，按照人与自然协同进化的方向运用科技。但是，他告诫人们运用科学技术要特别慎重。"自然界最懂得自然"向我们暗示：自然界不仅仅是生态的大舞台，它本身就是一出生态的大剧；它不仅仅产生生物现象和文化现象，也从生态本质上支配着生物和人类的存亡；它是人与自然生态关系的最终的绝对的"领导者"，它有其绝对的"生态权力"，即相当于恩格斯在《自然辩证法》中所使用的大自然的"报复"这样的隐喻。

恩格斯说："我们不要过分陶醉于我们对自然界的胜利。对于每一次这样的胜利，自然界都报复了我们。"我们今天正在承受着恩格斯那个时代不可想象的大自然的报复，承受着自然生态权力的选择、制约甚至是强制，我们在被惩罚的痛苦中才真正认识到我们在自然界面前原来只是一个非常幼稚的小学生。那么，人能否达到"最懂得自然"的境界呢？现在的人类还达不到。达到这一境界的基本条件有二：一是高度发达的科技；二是纯净、成熟的心灵。现代人类科技虽然已经很发达，但尚有难以跨越的障碍；人类意识状态受物质主义的影响和拖累而难以进步，并促使科技发展方向偏离了正道。我们只有尊重自然、顺应自然规律，才能变革自然、发展自然。

2. 生物利益的自我保护性

生物利益是在地球生物圈社会中限定的,包括动物、植物和微生物利益。没有生物利益也就无所谓自然生态权利。承认生物的利益就要改变传统的只有人才有利益的观念。生物利益,是指生物的生存或繁衍必需满足的那些物质和生态需要。生物利益属于关系范畴。它基于生物固有的价值和内在需要,外现并保持在生态活动中。所谓生态活动是指在生物圈社会中一切生物维持生存和繁衍的活动。人类改造自然的社会活动也是一种生态活动。从事生态活动的个体或种类总是倾向于使自我利益达到最大值,但又总是受到群体或生物社会的限制甚至是强制。因此,生物利益是在生物共同体中的利益,任何脱离生物共同体的利益是不存在的。生物个体利益往往要客观地服从群体利益。

生物利益是生物圈生物漫长的进化历史过程的产物,是以生物有机体内的遗传编码固定下来的生态活动程序,不同的种有不同的生物利益,各自利益的实现也有其各自特殊的方式。人的利益是比动物进化高级的生物利益。有感觉的动物的利益有其特有的方式。它们能选择食物,有价值定向,能体验苦乐,它们有其特有的家园意识和生态善。

人和其他生物所固有的利益和价值是受生态系统的平衡规律制约和控制的,服从系统整体生态平衡的利益和价值。当人们认识到这种个体生物与整体系统的利益关系,并产生对个体生物应当怎样对待的道德意识,进而转化为一种对人们自身行为进行规导的直接行动时,也就客观上尊重了自然的权利。

3. 大自然的报复性

人类与自然之间结成的所谓权利与义务关系,并不是人类自发地实现的,人类也同其他生物一样,以其地理位置的不断扩张和获取更多的物质资源为其生存的特征,但对超出基本生存需求的欲望的满足,是人类特有的。因此,自然对人类破坏自然生态的行为会进行最猛烈的惩罚和最严酷的报复,其无情的程度,就像人类对其他生物一样。我们把人为破坏自然生态从而遭到大自然"报复"的现象,称为自然的生态权力(nature's ecological power)。正是存在着这种力量,才激发人类不得不考虑建立人与自然之间的权利义务关系,没有这种自然生态权力也就无所谓生态权利。

自然的生态权力是指针对由于人类引发的生态环境参数的偏离,自然界纠偏而导致的对人类行为的制约、选择甚至是强制。因此,自然的生态权力具有以下四个特点。

(1)本质上的不可侵犯性。自然界的内在生态机制暗示我们人类的经济活动有确定的自然弹性阈限,超过这个阈限,人类活动就要受到自然生态权力的制约或强制。因此,自然弹性阈限是触发生态权力的关键点,呈现本质上的不可侵犯性。这种不可侵犯性一旦被人为破坏,失调的自然生态就几乎是不可复原的。

(2)固有性。自然的生态权力是一种自然反作用力量,它不是主观设定的概念,而是真实存在的。自然的生态权力内在于地球生态系统中,是一种在整体水平上的生态平衡的调节机制。通常,局部生态系统通过物质循环、能量流动和信息传递基本上保持平衡。而一旦这种动态平衡被破坏,经过食物链的快速循环传递和地球化学的慢速循环传递就会使局部生态破坏的效果被放大,超过自然阈限,这时局部系统内在调节机制失灵,便触发更高层次的系统调节机制发挥作用。这种在整体水平上的生态调节机制,往往表现出对破坏生态平衡的生物活动的制约、选择甚至是强制。

(3)后发制约性。后发制约性的含义是指被动进攻或滞后进攻性。自然的生态权力具有这种属性是随处可见的。例如,砍光山上的森林开垦为农田,并不是马上就引起水土流失,而是经过一段时间,少则一年多则几年。

(4)中立性。自然的生态权力是一种零权利,即它的自然威力来自于生态系统整体支配并决定部分的机制。凡是违背"协同性"的生物,无论是动物、植物还是人类,都迟早要受到自然生态权力的惩治。自然生态权力,不管人类出于好的动机还是坏的动机改造自然环境,只要没有超过自然生态阈限,就不对人类实施强制;而一旦超过阈限,自然生态权力就会毫不留情地进行惩治。当前人类正在造成全球性的生态危机,加速其他生物的灭绝,自然生态权力一定要在适当的时候惩罚人类。不但我们这一代人而且我们未来的后代人也都逃不脱自然生态权力的强制(余谋昌等,2004)。

确立自然界的生态权力概念在于要求人类一切生态活动都必须在一定生态阈限内进行,改变以往那种"天不怕,地不怕"的蛮干行为,改变那种"人有多大胆,地有多高产"的愚昧无知的思想观念,顺应自然、利用自然,使人与自然协同进化。

(三)人类的自然权利

人的自然权利是指在立法中确认并固定下来的,保证在人与自然的交互作用过程中满足人的各种需要的个人权利,以及在生态伦理道德原则和规范的指导下,自觉履行生态道德的权利与对自然的责任和义务。

1. 人类享有的自然权利

所有的人都享有满足生存、享受和发展需要的权利。但是人类的自然权利是需要严格限定的,并不是个人的一切需要和利益都可以作为这种正权利。人类生态的正权利包括个体和群体两个层次。

(1)个体生态权利。个体生态权利是指任何人都有维持生存而获取新鲜空气、淡水和食物的权利,有在生态阈限内创造性地参与改造自然获取基本文化生活的权利。

(2)群体生态权利。人类享有生态的权利主要应当包括享受良好环境的权利;获得关于环境状况的可靠信息的权利;要求赔偿因生态环境破坏所导致的人们身心健康损害和财产损失的权利;土地和其他自然资源的所有权。

2. 人类对自然的责任和义务

人类享有自然的权利是一种"正权利",具有能满足人类需要的属性。人类对自然的责任和义务是人类生态的"负权利",这是指自然对人类行为的道德要求,或人类对自然所应该具有的工具价值。人类生态的"负权利",表明人类在自然面前,有必须克制自己的需求、意愿的权利。例如,不应当猎杀梅花鹿,这是一条伦理规范,要求人们不仅把梅花鹿看成是国家一级保护物种,而且从道义上应当有恻隐之心,不忍心刺杀它。

(四)生物的自然权利

1. 生存的权利

任何生物都有生存的愿望,都珍惜自己的生命。在地球上的许多极端环境中,如沙漠、冻原、盐碱滩涂、海岸泥沼、峭壁裸岩,甚至在极地,我们都可以发现顽强生存的生物。这些生物以其生机向人们展示了各自种类持续存在的能力。它们值得我们珍惜和敬畏。

生物的生机是生物个体存在的固有价值。个体固有价值是种群、群落和生态系统固有价值的组成部分并受到这些整体固有价值的选择和制约。因此,在地球生态系统中现存的生物个体,总要经过其整体的自然选择。个体生物的生存权利,是参与生存竞争并接受自然选择的权利。

生物参与生存竞争接受自然选择的权利,既有正权利,即获取生存资源、利用环境条件的权利;也有负权利,即成为它生物(包括人类)生存资源并被环境同化的权利。在人与自然的关系中,人类应尊重生物生存的正权利,不应该以人类的意愿强加给它们。然而,在现实生活中以人的利益为尺度决定生物是好、是坏,是保护还是不保护,这种人类主观臆断多有发生。

2. 自主的权利

所谓生物自主的权利,是指任何生物,都有按其种群的生态活动方式,追求自由的权利,但这种权利的实现应该适应生态系统整体支配并决定部分的自然选择机制,否则,就谈不上生物的自主权利。例如,老虎有在山林中自由活动的权利;松鼠有采集松果谋求生存的权利;候鸟有依据物候变化迁徙的权利;中华鲟有在江河中出生并洄游到海里发育成长的权利;等等。生物正是以其不同的自主性活动反映不同种类的特征。破坏自主性,虽未毁坏个体本身,但本质上是破坏不同种类生物各自的生态习性。

尊重生物自主的权利,在人类社会经济高速发展的今天,具有特殊重要的意义。一方面人类改造自然必然触及生物的自主性,但是,应该不超过生物的自主性的耐受范围,从而顺应自然、利用自然;另一方面,当代全球面临生态危机,人类有责任挽救濒危物种,研究它们的自主性特点和适应性范围,这是决定保护方式的理论依据。

3. 生态安全的权利

所谓生物生态安全的权利,是指生物维持种类协同和进化所必需的生态条件有不受人类破坏的权利。它包括生物所需要的一般生态安全权利和特殊生态安全权利。

1) 一般生态安全权利

任何生物所必需的特定的气候、温度、湿度、光照等生态条件,是在地球上几十亿年漫长的生物与环境协同进化过程中形成的。生物适应这些基本的生态参数变化,有一定的自然波动范围,任何生物,包括人类,没有权利破坏这些生态参数的稳态,保持并促进这些生态参数的稳态发展,是一切生物拥有的一般生态安全的权利。

2) 特殊生态安全权利

生物参与生存竞争,接受自然选择,占据特定的生态位,从而在种间呈现明显的生态时间节律和空间秩序。生物的多样性,既维持着生物群落和生态系统的稳定性,也映射着生态条件的多样性和特殊性。人类生存作用于自然时,应该尊重不同物种生态条件的特殊性。人类有责任不破坏这些不同生物种类所必需的特殊生态条件,这是维持物种延续的特殊生态安全的权利。

非人类生态权利的概念,不同于自然价值的概念。自然价值是由自然界属性和生物与环境的关系决定的,是不以人的意志为转移的,人们能够从对自然的描述中发现它们;非人类的生态权利并不是自然的,而是人与自然关系的产物,它取决于人类对自然价值的认识、尊重和热爱。承认非人类的生态权利,就是赋予人类保护并尊重其他生物的义务和责任。认识到非人类的生态权利是人类文明发展的重要标志。

三、人与自然协同进化

(一) 协同进化的概念

1. 协同进化的生态学概念

协同进化(coevolution)所表达的是生物与生物、生物与环境、生物物种与生态系统之间相互依存和相互作用的关系,是一条生态学规律。

协同进化论的代表作有两部:其一是由佛士玛(Futuyma)和斯莱津(Slatkin)合编的《协同进化》(1983);其二是由鲍考特(Boucot A J)主编的《行为进化生物学和协同进化》(1990)。他们给出协同进化的定义要点,是指在同一居群内的某些种的进化与另一些种的进化相互关联、相互受益。其包括两方面意思:一是指物种之间与个体之间的直接的相互受益;二是指为达到生态平衡而在不同生物种群之间的相互制约作用。这表面看来是相互蚕食,但实际上却保护了生态。协同进化论是现代生物进化的科学理论。

2. 协同进化的伦理学概念

人与自然的协同进化和动植物与自然环境的协同进化过程有本质的不同。人是主动的,而其他生物是被动的,是自然选择的结果。协同进化理论提倡整体社会的稳态以及保持稳态所需要的分工和协同。生物作为有机体是由细胞、组织、器官等构成的,不同的细胞、组织或器官分工协作,共同维持有机体整体的平衡与稳定,并与整体一起发展和进化。协同进化的思想同样适用于人类社会。人类社会整体相当于一个有机体,在社会组织中,家庭是细胞,阶级是组织,城市和公社是器官。协同进化思想的目的是把"对人如己"的社会伦理原则转变成"对自然如己"的环境伦理原则,即把"我为大家、大家为我"转变成"自然为我、我为自然",从而实现人与自然的协同进化。

人与自然的协同进化和动植物与自然环境的协同进化过程有本质的不同。达尔文的进化论对于人与自然的协同进化而言并不适用。因为其他生物是被动的,是自然选择的结果;而人是主动选择的,不是环境造成人去演化,而是人的精神进化决定了一切外在环境的演化。所谓"适者生存"的假说,并不适合人类的精神进化,同时它也不适合星系甚至整个宇宙的进化。

由于达尔文的进化论在现代工业社会的广泛传播,越来越多的人情愿把自己看作与动物一样,于是就出现了"社会达尔文主义"的流行。社会达尔文主义者把生物界血淋淋的生存斗争、适者生存的理论引用到人类社会,鼓励的或者认为合情合理的是人与人之间像狼与狼、狼与羊一样的关系。在许多圣贤仁者努力把人间引向天堂的同时,社会达尔文主义者却在把人间变成地狱。它只看到了人作为动物的属性,而忽视了人不同于其他动物的文明的特征。它否定了人的高尚的一面,否定了博爱、宽容、感恩、慈悲这些人类最美好、最伟大的、高尚的情感,否定了古今中外许许多多的圣贤仁者对人类的伟大贡献,反而为人与人之间的竞争、斗争甚至战争提供了看似合理的依据,也为种族主义提供了理论基石,从而破坏了世界的整体性与和谐状态,致使人们对人间世界丧失了希望,加速人类走向堕落,走向灾难。因此,我们应坚决反对并抵制社会达尔文主义。

(二)协同进化的哲学意义

1. 异中求同

人与自然相互作用过程中,强调人的能动性;反对那种把地球环境的承载能力看成是固定不变的,只有停止经济增长才能与环境保持和谐的观点。人类可以利用科学技术按环境演化的规律促进环境定向发展,从而增强地球环境的承载能力,即增强社会发展的自然基础,在社会发展与环境进化的动态过程中寻求互惠共生,实现人与自然和谐与共同发展。这个概念有利于反映人的主动性,也有利于将人与自然的相互作用和其他生物与自然的相互作用在本质上加以区别。

不能忽视人与其他生物具有的生态共性。在当代全球生态问题已对人类生存和社会发展构成严重威胁的今天,强调人与其他生物的生态共性,坚持异中求同的认识论,有助于揭示人与其他生物相互依存的事实,认识人与自然协同的基础。人与自然协同进化概念,既包括人与自然的相互作用、人类明智地利用自然的观念,也包括人与自然相互依存和自然整体选择的概念。

2. 整体支配并决定部分

地球生态系统的整体结构属性和整体规律,都在以显在或潜在的形式,支配着人的能动性,制约着人与非人类自然合作的方向、水平和规模。因此,我们探讨人与自然协同进化的科学内涵,也必须到协同进化的自然生态整体属性、关系和规律中去寻找和发现。

现代系统科学认为:有机系统的每一层次都为后一层次提供了根据,但是在每一层次上相应实体的独特性质取决于它们的整体结构,它们具有协作性质,不那么复杂的实体不可能有这些性质。原子具有自由电子不可能有的性质,而分子具有化学亲和性。化学亲和性仅取决于它们的组成部分原子化合的形式,并不取决于任何游离的原子所具有的特性。这对于涉及生命物质活性的大分子来说尤为如此,这种活性在无机界层次是不可能的。决定趋向性的正是结构,而结构总是一个整体。

整体支配并决定各部分的原理,对明确人与自然协同机制有两点启示:①协同是整体系统有机地调动其各部分,保持其结构和功能完善的属性。②部分或个体所具有的协同性取决于它们的整体结构。

人与自然协同进化的哲学概念,是整体支配并决定部分的生态原理在人与自然生态关系方面的应用。它也是一种新的伦理,指导人能谨慎地利用科学技术不断地促进自然过程的自然方向性与人类生活活动目的性的统一,以实现人与自然的共同创造的过程。

(三)协同进化的环境伦理

人与自然协同进化是人类仿效生物与自然协同进化的规律,概括出来的伟大的生存智慧。它指导我们正确地定位人与自然的伦理关系:对于人类世界的生存与发展而言,非人类世界的持续是根基。没有非人类世界稳态的生态关系就不可能有人类世界的持续价值。因此,协同进化的环境伦理的含义就是:相互依存,共存共荣。

1. 任一生物的存在,既是自在又是利他在

所谓自在,是指任一生物都是以生存为目的中心,生物的内在自组织和对外在环境的适应,既不依赖于他物的评价也不依赖于对他物是否有用,都自主地定向于生存的目的;所谓利他在,是指任一生物定向生存的自主行为,客观上是生物群体自组织行为的一部分,任一生物的存在,都并入食物链金字塔结构,都是他物存在的工具或手段。地球生态系统的结构属性是:每一物种都占有特定的生态位,并形成一定的空间分布和时间节律,体现其自身存在的内在生存目的和有利于它物和整体系统健康的外在目的。这是不同形式物种的生存智慧,也是生态系统维持自然动态平衡的内在机制,具有不依赖于人类评价和存在的固有价值。因此可以说,任一生物的存在,既是目的也是手段(或工具)的存在。这种相互依存的存在方式创造了生态系统的稳态。

2. 人与自然协同维持了整体的稳定,稳定的整体反过来又能保障协同者的稳定发展

地球上的任一物种都占有特定的生态位,扮演系统整体赋予的角色,并共同为生态系统的健康和完善作出贡献。从生物圈的尺度上看,自然选择对生物个体、物种和子生态系统发挥作用,在总体水平上制约着、同时也在保障着个体、物种和子生态系统的运动规模和发展方向。生物圈中生物共同体和生态系统内在的生态关系的协同性,是生物圈整体系统的结构属性。正是这种属性保持了千百万年来地球生物圈整体的动态稳定。协同的目的就是为了整体的利益。协同性是一种自然内在价值,蕴含或暗示着人类对自然的行为规范,即促进人与自然的相互依存和协同进化,是实现地球生物圈生态稳态的前提和基础。

3. 只有保护了他物的价值,才能真正实现自我保护

人类仿效生物圈生存的智慧,追求人与自然的协同进化,并不是抹杀人与其他生物的本质区别,并不意味着人要放弃文化属性,相反,协同性允许千差万

别的协同形式。学会自我保护的同时也不伤害他物,实现自己的善也不破坏他物的善,甚至可以说,只有保护了他物的价值,才能真正实现自我保护。人类进入工业文明以来,在思想深处过分强化了生存斗争意识,对自然进行了过度的干预和征服。人类之所以走向这种极端,是因为忽视了真理的另一面,即人类与自然万物的互利共生。为了纠正几百年来积习而成的偏执,人类必须抑制内心的妄自尊大,谋求与自然万物的和谐共生。这是通过向自然界学习持续生存之道而得出的人与自然协同进化的环境伦理,是一种明智的自我保护,也是对自然固有价值持尊重态度的哲学。

综上所述,人与自然的进化实质上是共同创造,协同进化。人类作为环境道德代理者所行使的代理职责是:既为人类服务,也为自然服务。因此,人与自然协同进化的环境伦理,其动机和结果、目的和手段是融会一致的:自然是人类的一部分,人类是自然的一部分,只有协同进化,才能共存共荣。

四、代际与代内公平

(一)代内公平

1.所有个人都应享有环境上的权利

环境公正意味着没有任何个人,包括任何人种、种族和社会经济群体,应过多地遭受因工业、市政和商业运作带来的环境负面后果之害,或因政府规划和政策而造成的人身环境损害。当一些人以牺牲其他人的环境利益为代价,从造成生态破坏的活动中大获其利时,就产生了不公正。生态环境和自然资源不只是某些拥有技术、设备和资金的少数人的私人财富,它属于生活在地球上的每一个人。联合国在1972年《人类环境宣言》中庄严宣告:"人类有权在一种有尊严和福利的生活环境中,享有自由、平等和充足的生活条件的基本权利。"公民的生态权是一项基本人权。它可以保证在人与自然的交互作用过程中满足人的各种需要。维护公民的环境权利,是生态公正的必然要求。

1)公民拥有享受良好环境的权利

这意味着环境是每个人生存必不可少的条件,良好的环境应当理解为其各种参数均符合法律规定的保护人的生命和健康、保护植物和动物以及保存遗传基因的各项标准的环境。公民的环境权要求以环境不受损害为基本标准,这一标准不仅是其他权利所没有的,而且是对其他权利的限制。如果人们的任何活动损害环境超过一定的限度,都应视为一项产生消极后果的活动,应给予道德上的干预,最终促使其停止并纠正自己的破坏环境行为。

2)公民应有对环境状况的知情权

环境信息关系到每一个公民的身心健康,公民有权依法定程序获得关于自然环境状况及其对居民健康影响等方面的确实可靠的全部信息。保证公民的环境知情权,一方面,可以使公民在了解信息后趋利避害,采取必要的防护措施,减少环境污染对自身造成的损害。另一方面,它也是国民参与国家环境监督和管理的前提,可以促使全社会都能关心环境,对破坏环境的行为形成强大的道德舆论压力。

3)公民应有环境参与权

公民参与环境管理既是环境保护的需要,也是一个国家重视和保护公民环境权利的一个重要标志。从环保发展史上看,美国的环境保护运动是自下而上兴起的。针对日益突出的生态环境问题、经由民间组织向法院起诉、游说、呼吁,最终通过立法,实现对污染和生态破坏的治理、补偿、监督和控制。而中国正处在经济飞速发展的起步阶段,人们的环境意识还很弱,从一开始,中国的环境保护工作就是一种政府制定政策,强制推行政策,组织教育群众的自上而下的管理模式。中国这种自上而下的环境保护管理模式强化了政府的作用,但缺乏来自下层的推动力,容易忽视公民的环境权益,因此,充分调动公众参与环保的积极性,发挥个人和民间团体在环保事业中的作用是政府实施环境保护的一个重要手段。

2. 代内要公平分担环境的权利和义务

代内公正是代际公正的前提和基础,更具现实性和紧迫性。如果人们对同代人之间的公正问题都不能解决,就很难设想能通过当代人的代理去解决代际公正问题。代内公正要求资源和环境在代内进行公平分配,强调任何地区和国家的发展不能以损害其他地区和国家的发展为代价,尤其应当顾及发展中国家的利益和需要;强调人类的整体和长远利益应当高于局部和暂时利益,特别应维护弱势群体的资源与环境权利。

工业文明以来,人类对自然的狂妄自大态度和肆意掠夺行为,主观上是由两个因素引起的:一是人类对生态规律和自身生存的生态要求以及对地球资源有限性的无知以及对科技力量的迷信。二是人类行为中的狭隘利己主义和感性享乐主义。即使在今天,人类对自然的狂妄掠夺行为仍然没有从根本上得到有效控制。当人们真正关注的只是一己的生存私利、实力、成功和享受的时候,他们是无暇顾及他人,更谈不上人类整体持久生存的需要和子孙后代的利益的。

要真正体现环境公正,就必须处理好以下几个方面的道德问题:公平承担生态环境保护的责任;防止地区间贫富分化;建立全球伙伴关系,共同合作防治环境污染;抵制公害输出和危机转嫁(余谋昌等,2004)。

(二)代际公平

1. 环境伦理关注代际公平问题的理由

地球资源是人类的共同财富,应该被所有各代的人们共同拥有,而不应该仅仅被认为是某一代人的财富。作为本代人,我们只是受托为下一代掌管地球;与此同时,我们又是受益人,有权使用并受益于地球。信托的财产授予者是人类全体,信托财产包括自然资源和生态系统的环境以及外层空间的国际公地。因此,本代人没有理由认为这些资源仅为本代人所拥有,没有理由认为自己有权尽量耗费它们,而不让后代人也能享有它们。

目前生活在地球上的人类有能力永久地改变或毁坏地球,而且当代人的活动会对未来人类的健康、幸福和生活产生深远影响。例如,现在的核电站产生的放射性废弃物,几千年后它们对人仍然是危险的。没有人能确切地知道如何将这些放射性物质安全地储存几百年,更不用说几千年了。从代际的观点看,当代人享受核能提供的电力而将由此产生的负担和危险留给后代,是不公正的。

我们能够了解这种影响的后果,而且知道应该怎么做,就应担负起道义上的责任,使我们现在的行为方式最大限度地防止给未来人类带来危害。现实的情况是,存在许多代际间的危害或伤害:全球变暖、土壤侵蚀、热带雨林消失、污染,等等。本代人的行为结果伤害了下一代人,而下一代人没有伤害我们,因此把危害和危险留给后代人,对后代人的各种权利的剥夺都是对后代的不公平。

2. 资源和环境在代际之间公平分配的原则

基于以上考虑,环境伦理要求资源和环境在代际之间进行公平分配。也就是说,假定当前决策的后果将影响好几代人的利益,那么就应该在有关的各代人之间就上述后果进行公平的分配。

为了做到代际公平,佩基(Page)提出了"代际多数原则"。代际多数原则是指当某项决策涉及若干代人的利益时,应该由这若干代人之中的多数作出选择。由于相对于当代人(或者再加上若干代子孙)来说,繁衍不绝的子孙万代永远是多数,因而从代际多数原则中可以得出下列推论:如果某项决策事关子孙万代的利益,那么不管当代人(或者再加上若干代子孙)对此持何种态度,都必须按照子孙后代的选择去办。问题是,在实际决策时,尚未出生的子孙后代是没有发言权的,因此,我们应当确立一个全社会普遍接受的,不取决于特定利益集团的一个伦理标准,在涉及代际问题时,应该将代际公平作为可选择的可行性方案的约束条件,必须对传给下一代的资源基础质量加以保护,给下一代提供继续发展的机会。

目前还没有一个在处理代际关系方面可普遍接受的公平或公正的标准,特别是在面临诸如哪些是当代人应该留给后代的遗产问题上,就很难作出明确的回答。因为多数人从狭隘的自我观出发,认为未来子孙要什么我们并不很清楚,更谈不上与他们协商解决。约翰·罗尔斯认为公正理论的一种方法就是让每个人(如果可能的话)躲在"无知的面纱"后面,这个面纱能不让人们知道自己在社会上最终的地位。一旦躲在它的背后,人们会定下公平的原则,在此之后,他们就会受到这些规范的制约。按照这一规则,在处理代际公平时,应优先考虑以下三个处理代际关系的道德要求。

第一,要求各世代保护自然和文化遗产的多样性,使得不会对后代人解决自身问题和实现自身价值观造成不适当的限制,而且未来世代享有同其以前世代相当的多样性。第二,要求各世代维持地球的生态环境质量,从而使地球质量留传给未来世代时的状态不比其从前代继承下来时有所下降,并且有权享受与前代相当的地球质量。第三,各世代的每个成员都有权公平地获取其从前代继承的遗产,并应当保护后代人的这种获取权。这三个要求包括了保护选择、保护质量、保护获取三个组成部分,以此为标准,我们就可以判断涉及代际关系的道德正当性。

总之,代际公平要求本代人的发展不能以损害后代人的发展能力为代价,至少要留下比前辈留下的更多的自然财富,以满足后代人能进一步发展的环境资源等自然条件。为后代人着想既是本代人的责任,也是本代人超越前代人的表现。当代人应该担当起为后代开创更美好生活的道德责任。

五、人与自我和谐

当今现实中存在大量漠视生命、自我身心不协调乃至冲突的现象;生活压力的加大和竞争的激烈,以及物质欲望的膨胀和攀比心态的增强,致使不少人的心理健康素质和自我身心的调节功能下降,七情失衡,各种心因性疾病大量产生;甚至在模范人物的宣传中,也往往要寻找带病坚持工作、积劳成疾甚而累死、病死在岗位上的闪光点。这些现象充分说明,一方面,人们对自我身心运动规律的了解太不深入;另一方面,人们忽视生命健康的观念和意识过于流行。此外,更具普遍性的现象就是,心智不成熟、逃避问题、拒绝成长的人比比皆是。当代人类所面临的最大危机,实际上是人们对于生命意义的危机。克服这种危机的根本途径就是古人所讲的"修身养性",完善自我,实现人与自我、人与人、人与自然的和谐统一。如果人自身的问题不能解决,生态文明便失去了根本。因此,当前强调"尊重生命、善待自我",到"回归真我、成熟心智",进而"超越自我、走向觉悟"的理念,其意义是十分重大的。

(一)人与自我和谐是建设生态文明的根本保障

1. 人与自我的关系是人与人、人与自然关系的调节得以实现的关键环节

人与人、人与社会、人与自然之间的道德关系最终都要反映到人与自我身心之间的矛盾关系中来。在这几种道德关系的矛盾或冲突中,道德主体(人)都要与其原有的道德自我发生"对话",产生一定的善恶矛盾与冲突,而这必然导致对道德主体的肉体和精神的影响。经过善恶意识的冲突与调适,通过道德主体与自我"身""心"的相互作用,最后协调一致,进而发生外在的道德行为。

2. 用来调节人与自我关系的自身行为必然反映着人与人、人与自然的关系

就道德主体来说,许多看似没有道德意义的自身行为,实际上仍然反映道德关系,具有道德价值。比如自杀、自虐现象,就至少包含着两种道德关系:一是自我与他人的关系,二是自我与社会的关系。因为自杀者的这种行为虽是自我行为,但由于人不是孤立存在,必然涉及亲属、家庭、社会,必然对他人、对社会产生一定的作用,或是加重他人、社会的经济负担,或是导致他人的精神痛苦,从而影响到他人和社会的利益,表现出或善或恶的后果,即反映道德关系。正是在这种意义上,基督教和伊斯兰教都认为自杀是犯罪,要受惩罚;佛教认为自杀者不能摆脱生前罪孽;儒家也强调身体发肤受之父母,不可毁伤。就自杀行为本身看,这一过程体现着人与自我身心之间的严重冲突和激烈斗争,不管出于何种原因,都表现了人对自己生命的道德义务的漠视。不愿成长,拒绝成熟,推卸责任,过度追求奢侈生活,个人这种自身的生活方式必然会产生有利或有害于他人或自然的后果,显示出或善或恶的道德价值。

(二)人与自我道德关系的伦理内涵

人与自我关系的内涵包括两个层次,即主体与自身(肉体)的关系和主体与自心(精神/心灵)的关系。肉体与精神是辩证统一的。身体是生命依托的物质载体,是精神的寓所,而且与精神共同构成一个完整的生命。道德主体与自身之所以构成道德关系,至少具有两方面的原因。人的精神活动的发生都与身体密切联系。而作为自我身、心统一体的道德主体一旦形成,就具有了一定的相对独立性,从而对于自我身体产生主导和支配的作用。这种支配既可以顺应身体的生理规律,选择适合身体健康的生活方式,增强生命活力;也可以由于主客观原因,逆身体内在规律而行,片面追求、满足自身的各种感官享受,从而透支生命。

1. 人与身体自我(自身)之间的道德关系

道德主体履行对自身义务的行为具有伦理价值。道德主体不仅有对自己的义务,即尽可能地不断满足自身生活需要,提高生活质量,善待自我,珍惜生

命,追求自我身体健康或精神愉悦;而且更为重要的是,这种自我义务的履行,也会给他人、家庭以致社会带来快乐感受和良性情绪感染,甚至还会产生提高生产和工作效率、节约能源、减少医疗费用等益处,从而显现出道德主体行为的伦理价值。

2. 人与精神自我(自心)之间的道德关系

道德主体的自心即精神自我,它体现在道德主体的思想、道德、心理、人格等多种综合因素。

从自我意识的本质上看,人的精神自我可分为小我(即心智自我)和本我(即本体自我)。小我会无意识地、强迫地借由与一个事物产生关联,来强化自己的身份认同。小我由思想所组成。小我通常把"拥有"等同于"存在"。所以,我拥有越多,"我"的存在感就越强。然而小我在拥有中获得的满足都是相对肤浅而且短暂的,因此小我总是需求更多,欲望不止,小我的本质是永不满足(Tolle,2001)。如果不是贪婪的小我病态而无止境地需要更多,从而造成资源的不平衡,人类对于食物、水、住所、衣服等基本舒适状态的实际需求,在这个地球上都可以很轻易地被满足。

精神自我在道德层面可分为"理想道德自我"和"现实道德自我",在心智自我的掌控下,二者之间的关系充满了复杂的矛盾,这也正是人类物质文明进步与精神文明倒退的深层根源所在。追求道德进步的道德主体,随着对世界的认识水平的不断提高,他总是在不断地战胜、否定原有道德自我,实现道德水平的提升,然而这种提升在本质上通常还是为了强化小我的自我感。道德主体虽然常为自己树立一个道德理想模式,然而常常与小我的本性相矛盾,因此,在主体的道德意识和道德行为中,就不断面临道德选择的问题。小我只有在能够从中找到新的自我认同感时,才表现为个体道德境界的提升,否则就会表现为个体道德境界的降低和人的堕落。

心智自我就是通过这样的运作,使人在自己的思想和情绪中迷失了自己,把自己的本体完全地与外在的形相认同,于是完全受制于小我。人与自我走向和谐的唯一途径:超越小我,走向觉悟。找到本我即"觉",用本我洞察真相为"悟"。本我只能通过感受来体会。

可见,道德主体与精神自我也是一种相互矛盾的道德关系,精神自我会对主体自身产生善或恶、有利或有害的影响。道德主体加强修养,走向觉悟,自然就能不断提高精神自我的层次,向更善的道德境界提升;反之,如果道德主体始终迷失在小我中而不能觉察,就会使精神自我逐渐走向堕落,其对自心的影响就是恶的。

3. 精神与肉体的相互作用

中医和现代医学都已证实,一个人的精神自我的和谐与否,对于个人的身体健康状况有主导作用。人的心理状态、情感活动、情绪模式以及思想意识,在本质上是一种具有能量的波动,这种能量波无时无刻不作用于自己的身体。加强道德修养、调控情绪,既有利于良性心理意识的养成,也符合生理运动规律,有利于身体健康水平的提升。反之,身体健康水平的高低也对主体精神状态有着重要的影响。在个体体验中,一个身体健康、正常的人,往往精神状态较好,即便遇到挫折也易于从沮丧中恢复过来;相反,一个健康水平较低、身体机能较差的人,则往往精神状态不佳。

因此,道德主体的精神与身体是相互作用、相互影响的。这也启示我们,道德主体应充分顺应生理和心理、身体和精神的各自内在的以及彼此相互作用的规律,使二者相互促进、和谐发展,从而使身心统一的道德主体——人,逐渐达到最完美、最和谐的生命状态。

(三)人与自我和谐的人生境界

人与其他动物的不同,在于人做某事时,他了解他在做什么,并且自觉地在做。他做各种事,有各种意义,各种意义合成一个整体,就构成他的人生境界。境界是指一个人因觉知而把生命扩展到的时空维度。不同的人可能做相同的事,但是各人的觉知程度不同,自我的内在和谐的程度也不同,所做的事对于他们人生的意义也就不同。每个人各有自己的人生境界,大致可以划分为四个层次,即自然(温饱)境界,功利境界,道德境界,天地(大我)境界(冯友兰,1943;王如松,2008)。

一个人只是出于本能或其社会的风俗习惯而做事,他做事时出于动物的本性和生存的本能,以求温饱为主要目的,此外并无其他觉知。这样的人会觉得他所做的事对于他没有、或很少有超乎生存之外的意义。此即自然境界,或温饱境界。

一个人可能意识到他自己,出于利己的动机,为自己而做各种事。这对于他,有功利的意义,其人生境界就是功利境界。在此境界中的人,其行为是为他自己的利益的,包括"名"和"利"两个方面。功利境界的本质是为己。就社会现实而言,绝大多数人都处于功利境界之中,这是常人最普遍的境界。功利境界的人心态各异,所干的事也不尽相同,求名利的手段更是五花八门,无奇不有。但是,无论是求名的,还是逐利的,或者是求名利双收、以成就一番事业的,他们的人生目的都是共同的。

有的人因为了解到社会的存在,而这个社会是一个整体,他是这个整体的一部分。有了这种觉知,他就能将自我的智慧释放出来,妥善处理人与自然、人与人之间的伦理关系,就会为社会的利益去做事并得到社会的认可,以实现自我的价值,如儒家所说,他做事是为了"正其义"而非"谋其利"。他所做的都是符合道德意义的道德行为,比如惩恶扬善、扶弱育生。这就是道德境界。道德境界的人对人之所以为人的道理已有了深入的了解和觉悟。就个人而言,为了大义而不谋己利,不计己功,是道德境界的人所具有的觉悟。达到道德境界的人是贤人。

一个人可能感知到,超越社会整体之上还有一个更大的整体,即宇宙(或天地)。他不仅是社会的一员,同时还是宇宙天地的一员。他是社会组织的公民,同时还是孟子所说的"天民"。有这种觉知,他就会为天地的利益而做事,超越了自我,超越了时空,与天地万物融为一体,"与天地合其德"。这就是天地境界,它是一种天人合一的生态整合境界。由于感知到天地万物存在的一体性,并在精神上发展出与之在较深层次上的密切联系,从而了悟人生根本意义,寻求尽量、尽性的发展,摆脱了狭隘的"小我"心态的束缚,而达到如阿伦·奈斯所说的"大我"境界。这样,天地境界的人便有了更广大的胸怀与更高尚的气节,真正可以"与天地比寿,与日月齐光",真正成为"天之骄子"。达到这个境界的人,就是圣人。

这四种人生境界之中,自然境界、功利境界的人,是人现在就是的人;道德境界、天地境界的人,是人应该成为的人。相对而言,自然境界最初级,几乎不需要多少觉知;功利境界和道德境界需要较多的觉知;最高级的天地境界则需要最多的觉知。不论是处于哪种境界的人,其精神境界不是一成不变的,而是由初级向高级不断发展的。这一过程就是走向觉悟的过程,也是人与自我走向高度和谐的过程。人生的目的,就是通过扩展自己的觉知能力,广泛、深入地了解世界、了解自我,进而提升自己的人生境界。

第三节 生态文明道德意识

一、感恩自然

(一)感激生存环境

任何正常人都会感激自己的母亲,因为母亲养育了我们。"感激是仁慈和善行在一个健康灵魂中引起的情感;其确定状态是献身与虔诚。""善良意志对于集体的情感表现为三种基本形式——乡土之爱、国家之爱和人类之爱。"①乡土、国家、人类,这就是人类生存环境具体事物具体存在形式的全部。因此,人也是应该对生存环境深怀感激的,因为这个系统是人类共同的母亲。

人类对自然的爱与关怀,人类的生态良心,并不完全是出于对人与自然关系的科学认识,而更重要的是出于情感归属的需要。科学认识所理解的自然是非常不完整的,人类必须从情感上体验自然,领会自然,才能发自内心地尊重和热爱自然,才能真诚地产生"万物一体"、"民胞物与"的生态关怀,才能对养育人类生命的自然界产生感恩之情,真正建立起守护地球上所有生命之家园的生态伦理,而不只是止于保护人类生存环境的生态伦理的狭隘境界。

在人类生存环境日益恶化的今天,人们对环境的态度必须提到自觉感恩的道德高度才有可能使环境获得真正的保护。人们必须尊重和感谢大自然,是它给人类提供了生存发展的根基,给了人类生存发展的权利、价值和场所,没有大自然便没有人类的一切。我们必须像对待母亲一样去尊重和保护自然环境。"对土地没有热爱、没有尊敬、没有赞美、不景仰其价值,要谈土地道德是不可思议的"。所以感激生存环境便成了重要的环境道德原则之一。

(二)公正对待自然

人类社会与自然环境相互作用,相互制约,共处于一个有机联系的生态共同体中。把公正范畴从人与人关系的领域扩展到人与自然关系的领域,不仅要在人与人之间合理地分配环境利益和义务,还应考虑人对自然的公正。公正地对待生物和自然界要求人类有意识地约束自己的行为,合理地控制利用改造自然界的限度,保护生物多样性,维护生态系统的完整稳定。

1. 公正对待生物个体

对于生物个体,我们首先要保护动物免受身体损伤、疾病折磨和精神痛苦,减少人为的活动对动物造成的直接伤害,避免对动物的残忍行为,改善对动物的处置方式,减少动物的应激和紧张,对动物的试验进行监督,防止学校实验室进行使动物遭受痛苦的实验。在运输动物时改善其装运状况,改善农场动物饲养、禁闭、运输和屠宰的状况。

2. 公正对待生物种群

物种的存在比具有感觉苦乐能力的生物个体存在更重要。生物个体的生活需要足够数量的生命个体,少于这个数量,物种就会接近濒危状态,而过多的

---

① 〔德〕弗里德里希·包尔生. 伦理学体系[M]. 何怀宏等译. 北京:中国社会科学出版社,1988:147.

生命个体的存在反倒不利于物种的生存和进化。因此,保护物种比保护个体更重要。在物种水平上对生命的尊重和关心,并不意味着人们不能按照生态规律去利用生物资源,也不意味着个体生命价值大的高等动物,在物种层次上也比低等动物或植物的价值高。所有物种在生态系统中都具有其生态位,都是生态系统价值秩序的基本组成部分,都对生态系统功能的正常发挥起着重要作用。

3. 公正对待生态系统

生态系统是由动物、植物、人类社会以及环境整合在一起的生命共同体,地球上一切生物的生存和发展,不仅取决于微观个体生理机制的健全,而且取决于宏观的生态系统的正常运行。人类诞生并生存于这样的生态共同体中,有义务维护这个生态共同体的完整、稳定、繁荣和美丽。而对生命共同体的维护主要应做到以下三个方面:保护生命支持系统;护生物多样化;保证对可再生性资源的利用是可持续的。

(三)合理开发利用自然

感恩自然,要求从伦理的角度看待对自然的开发与利用,强调尊重自然的限度,采用在该限度内可行的生活方式和发展道路。如果我们不能持久地和节俭地使用地球上的资源,我们将毁灭人类的未来,人们就不可能享受长期、健康、完美的生活。所以,对自然限度的认识,是建立开发自然资源道德规范的前提。

可再生资源和不可再生资源两者都是有限的。矿物、石油、天然气和煤等不可再生资源不能持久地加以使用,必须防范将来把它们耗尽的危险,并通过循环利用、改用可再生的替代物可以延长它们的使用"寿命"。对可再生资源的开发和利用,要实行可持续利用的原则,努力使资源增值,抑制资源生产率下降,防止资源的破坏和流失,保证持续利用。只有把社会经济活动始终建立在对再生性资源不断进行人工增值的基础之上,并且使开发利用这类资源的强度与人工增值这些资源的速度相适应,才能使经济的再生产同自然的再生产相统一,才能使这些资源成为真正意义上的再生资源。

使人类的生产与生活方式同自然资源的限度相适应,应当成为现代人的一种新的道德观念。我们必须变革传统的生产方式和生活方式,在物质生产领域实行节约的原则,制止那些不必要的浪费资源的行为,实现可持续的生产和生活方式。

倡导节俭地使用自然资源的道德观念,并不意味着会导致科学技术的退步、经济水平的下降或者生活方式的原始化。事实上恰好相反,耗尽自然资源和经济的挥霍性增长,才最有可能使社会倒退到原始状态。认清节俭使用自然资源的意义,减少挥霍性增长,使人类适应在自然资源限定的范围内生活,才是使人类文明持续发展的正确选择。

二、尊重生命

(一)敬畏生命,反对无故伤害生命

阿尔贝特·史怀泽指出:"善是保持生命、促进生命,使可发展的生命实现其最高的价值。恶则是毁灭生命,伤害生命,压制生命的发展,这是必然的、普遍的、绝对的伦理原理。"[1]

从环境伦理来看,人类也是生命共同体的一员,必须与植物、动物、微生物三大类生命共生。人类的伦理道德,不应该只表现在爱同类上,也应珍惜其他的生命形式,因为他们不只是人类的一种生存条件和被利用的资源,所有生命都具有内在价值。要从整个生态系统的和谐的角度去处理人类与其他生命体的关系,这是人类道德的一种新境界。

人类为了自身基本的生存利益,总会伤害一些生命。只要人类不灭绝物种,不影响生态系统的稳定和健康,不在捕获动物时给动物造成不必要的痛苦,就并非是不道德的。反之,人类如果是为了娱乐、美味、装饰等非基本利益去伤害生命,则肯定是不道德的,因为这样做践踏了其他生命的基本生存利益,违背了尊重生命的道德规范。下面是一个典型的例子。

斯特勒海牛(*Hydrodamalis gigas*)在历史上已灭绝,这些巨大动物的存在只被斯特勒做过一次记录。他作为内科医生和博物学家参加了白令海军准将带领的对北太平洋的探险。1741年,圣·彼得号船在阿留申群岛西端的一个小岛上失事,白令船长和许多船员在登陆的第一天就死于身体衰弱,幸存者捕杀在当地栖息的水獭和海狮获得了足够的食物。他们在附近海域发现了海牛。据描述,这些动物体长10米,重10吨。它们捕食巨藻和其他大型藻。它们集成小群,行动迟缓,性情温驯。幸存者在1742年返回俄罗斯,将这一发现带回了国。后来去白令海捕鲸和猎取毛皮的探险队,在冬天就以海牛为食。估计该海区生活有2000头斯特勒海牛,从它们被发现到1768年最后一头海牛被杀,仅相隔27年。正如法国导演雅克·贝汉与雅克·克鲁佐德拍摄制作的纪录片《海洋》中的解说词:"正是因为人类的漠不关心,才造成了物种的灭绝……地球上所有的生命都应该在这里共同生存,这样才有希望。"

---

[1] 〔法〕阿尔贝特·史怀泽.敬畏生命[M].陈泽环译.上海:上海社会科学出版社,1995:9.

(二)善待动物

1. 人应有怜悯心、同情心和慈悲心

现代神经生理学和动物心理学的研究表明,许多动物都有不同程度的体验痛苦的感受能力和趋乐避苦的能力。痛苦是一种感受,不仅人类有,动物也有。因而人类尊重有感觉能力的生命,不使它们产生不必要与不合理的痛苦,就成了生态伦理的重要原则。

怜悯和同情是文明人的基本素养,是能够把外在事情与自己的情感接通并在自己身心产生联想激动的一种心理反应,其结果是移情并愿意施舍和援助。有这种心态的人会形成一种心理定势,固定为一种思维方式或生活习惯。人对待动物应当具有怜悯和同情感,这是人类走向生态文明的需要。

慈悲心肠是人格和良心的组成部分,是一种"天地与我同根,万物与我同体"的精神境界生发的理智化的情感。佛教最讲慈悲,视众生为父母,行素食,戒杀放生。佛教的这种大慈大悲的伦理思想,对于文明地做人做事,有很大的启发意义。西方著名的动物权利论者辛格就是素食者,他倡导动物解放并身体厉行。作为有环境伦理意识的普通公民也应培养自己的慈悲心。

常常有人表示怀疑:"人应该对动物讲慈悲吗?动物值得我们这样吗?"其实这正是现代人因感受力不足而与动物同甘共苦的能力缺失,以及人类中心主义思想根深蒂固的表现。即使从功利主义角度,我们对待动物也应该具有怜悯和同情心。人的行为造成动物的痛苦,也使人不好受,还会令动物产生仇恨之心,其负面意识能量会作用于人,让人心情不愉快、甚至生病,从而使人原本的幸福减少。善待动物,怜悯动物,同情动物,会获得来自动物的良好情感所产生的正面能量,使人内心产生宁静和幸福的感觉,并能增强免疫力。即使是不得已而为之,也总会有心理的抚慰,或至少不受良心的谴责。

2. 人应有帮助动物趋乐避苦的义务

人类文明的发展应该确立起这种尊重生命的规范。因为动物能体验痛苦。造成不必要的痛苦内在着恶,趋乐避苦内在着善。因此,我们要保护动物免受身体损伤、疾病折磨和精神痛苦,减少人为的活动对动物造成的直接伤害,无论是家养动物还是野生动物。

为我们提供食物的动物虽然还无法避免被宰杀的命运,但我们有责任减轻它们在生命过程中可能经受的痛苦,满足动物福利的三个基本需要(维持生命、健康、舒适的需要)。在实践中,生产管理者往往只重视前两个条件,而忽视第三个条件。因此要改善动物的饲养、运输、屠宰条件,反对残忍和野蛮对待动物的方式,如活吃、活烤、活煮等折磨动物的方式,这样的行为超过了动物在自然

状态下所遭受的痛苦,违背了不增加痛苦的环境道德要求。

1979年,在美国农场动物福利委员会上,伯拉姆贝尔(Brambell R)教授概括出了禁止虐待动物并对动物关切的五个方面:

(1)通过准备好新鲜的水和食物保持完好的健康和活力,免受干渴、饥饿和营养不良。

(2)提供一个适当的环境,包括隐蔽处和舒适的安静休息区,免除不安因素。

(3)通过预防或迅速地诊断和治理,免除痛苦、伤害和病害。

(4)通过提供充分的空间、适当的装备和同种动物伙伴,保持正常行为的自由。

(5)避免精神痛苦,保持特定的条件,免除恐惧和苦恼。[①]

(三)保护拯救濒危野生动植物

尊重生命要求保护、拯救濒危野生动植物。一般来说,人类对环境的影响,如生境丧失、过度开发、物种引入和环境污染等并不是对所有生物类群都具有同等的威胁。处于最大危险之中的物种往往是那些种群规模小、对环境敏感度大和繁殖速度很慢的生物物种。这些物种在食物链中往往处于上层,珍贵稀有,分布地域狭窄,现正处于不采取拯救、保护措施就会处于濒临灭绝的状态。

原则上,我们倡导通过保护生境和生态系统来对物种进行保护,而不仅仅是抢救个别物种。例如,如果不强调保护森林生态系统,特别是亚高山针叶林生态系统,调控好竹子的生长和发展,挽救大熊猫就要落空;同样,要保护人参,不保护森林,也是做不到的。只强调保护一些超级明星动物,如大象、老虎和犀牛等,却忽略其他一些不太引人注意的小动物,对生物多样性保护来说也是不全面的、低效率的。

建立自然保护区,将有价值的自然生态系统和野生生物生境保护起来,以维持生态系统内生物的繁衍和进化,是保护生物多样性、拯救濒危野生动植物的最有效措施。自1872年美国率先建立世界上第一个自然保护区——黄石公园以来,世界各国纷纷建立自然保护区。目前世界上一些经济发达国家的自然保护区面积已高达国土面积的10%以上。20世纪50年代以来,发展中国家自然保护区数量也迅速上升,自然保护区占国土面积有的也高达20%。中国自1956年在广东鼎湖山建立第一个自然保护区开始,到2006年共建自然保护区2 395个,面积15 153万公顷(占国土15.2%,超过世界平均水平)。

除了就地保护外,对珍稀濒危动植物还可实行迁地保护,通过建立动物园、水族馆、植物园、动植物繁育中心等方式对典型和重要的生物物种进行保护。

---

① Wikipedia. Five freedoms [M/OL]. http://en.wikipedia.org/wiki/Five_Freedoms.

(四)取利除害要适度

所有的生物物种都有生存的价值,都应受到人类的尊重与保护。但是,人类在保护生物时,一般只考虑保护对人类有益的生物。而生物对人类有益还是有害,要作出准确的判断有时并非易事。所以,人类根据自己的需要去取利除害,往往会造成严重的不良后果,甚至危及生态平衡。

1. 取利

生态学告诉我们,向自然界索取超越一定的限度,到头来并非人类之福。自然界的各种生物,对于人类来说是一种可再生资源,可以生长繁殖。然而,生物资源的这种可更新性不是绝对的,而是有条件的,那就是人们的取用量不能超过其种群的增长量。一味地追求从森林中采伐得更多,从江河湖海中捕捞得更多,从山野中猎获得更多,是不可能长久的。

生存的智慧要求人们不仅重视生物资源的取得,而且重视生物种群的保持;不是只图一时能取得最多,而是同时力求能使种群持续不断地提供得最多。舍本逐末、竭泽而渔的做法只能导致森林面积愈来愈小,鱼类产量愈来愈低,许多野生动植物种濒临灭绝。只有合理采伐、合理捕捞,生物资源才能持续利用。

2. 除害

一些昆虫、致病微生物会直接危害人类健康,或者通过危害各种动植物,严重影响农、林、牧、副、渔业的产量和质量,人类不能容忍它们的泛滥对自己生存的危害是十分自然的。因此,捕杀害虫的行为无疑是应该的和必需的一种善行。但是除害并不意味着对所有害虫斩尽杀绝,一个不留。对生物的认识,我们不能只看到它们对人类有害的一面,同时还要了解到,它们作为生物物种,在生态系统中占有特定的生态位,具有特殊的生态作用。例如,野兔为得到食物要同土拨鼠、昆虫和其他动物竞争,野兔也有它特有的疾病和寄生虫,并且也要受到叮咬人的昆虫的侵害,同时也有为数众多的以捕食野兔为生的其他动物。从野兔的角度,所有这些生物体都是"有害生物"。但从生态学上看,这些生物体在保持野兔种群与生态系统的其他生物平衡中起着重要作用,它可使野兔能够繁殖并作为整体在生物系统中存活下来。如果野兔没有这些"有害生物",它的群体就会过度增长,这对整个生态系统十分不利。

环境伦理并不是不杀生,而是要人们不要滥杀生。因为,人们在打击一种有害生物的时候,就会影响整个生态系统。人类可以限制它们的发展,避免其危害,但绝不应奉行斩尽杀绝的政策,而应在抵御它们消极影响的同时,采取适当的技术措施,使它们以无害于人类的方式存在。

从长远的观点来看,对有害生物的防治,必须通过全面认识它在整个生态系统中的作用来实施。与那种目光短浅的根除或彻底消灭的不高明打击方法相反,对有害生物的防治必须建立在周密的生态系统管理方案上。根除的办法忽视了生态系统中复杂的相互联系,往往不仅被实践证明是失败的,而且常常导致灾难性的环境影响。

1956年,在中国,麻雀与老鼠、苍蝇、蚊子一起,被定义为必须消灭的"四害"。当时,全国各地广泛开展消灭麻雀运动,仅甘肃省就出动百万青少年,7天消灭麻雀23.4万只。北京在1958年4月19日至21日,捕杀麻雀40.1万只,上海市在3天之内灭麻雀50.5万只。1958年11月上旬,全国不完全统计,共捕杀麻雀19.6亿只。实际上,麻雀在雏儿期是吃虫的,对人类有益。在麻雀覆灭的1959年春夏,上海等城市的人行道树木害虫大为猖獗,树叶被虫啃光。1959年11月,中国科学院为此成立了"麻雀研究工作协调小组"。1960年4月,终于停止了对麻雀的围剿。这一事例说明,动物对人类有益还是有害是相对的,自然界没有绝对有害的动物。

害虫造成危害通常必须有一定的种群数量和密度,否则任何害虫也不足以构成危害,因而,所谓消灭害虫,是指控制它的种群密度和数量。当前,最迫切的需要就是改变人们的观念和策略,科学地认识所谓的有害生物,充分认识滥杀害虫的极端危害性,提倡利用害虫的天敌控制害虫。

三、节制消费

消费是人类生存和发展的基本条件之一。在社会生活中,人们要通过对各种劳动产品的使用和消耗来满足自己的生活需要。消费过程要消耗一定的资源,并产生出各种废弃物,从而对生态环境产生影响。要有效地解决环境污染和生态失调问题,人类必须改变消费道德观念,不仅把消费行为同家庭、国家联系起来,还应当同自然环境联系起来,同子孙后代的利益联系起来,倡导一种与环境友好的消费道德观念,通过消耗尽可能少的自然资源来提高我们的生活质量,同时要尽量减少生活废弃物。

(一)反对无节制的高消费

1992年联合国环发大会通过的《21世纪议程》明确指出:"地球所面临的最严重的问题之一,就是不适当的消费和生产模式,导致环境恶化,贫困加剧和各国的发展失衡。"可以说,选择什么样的消费模式,直接关系到人类的持续生存和发展。虽然表面上看,是工业生产过程使环境退化,而根本原因则是人们对那种产品有消费需求。无节制的高消费是一种脱离实际生态环境条件与合理需求的消费模式,这种消费模式以享乐、挥霍为特征,是一种不可持续的消费方式。过去,人们非常爱惜生活用品,往往要用到不能再用为止。但如今人们却毫不停顿地使用新产品,用过就扔成了消费社会的一个显著特征。这种畸形的经济就像恶性肿瘤一样吞噬着各种自然资源,从而使物质与能量的需要量增加到空前的程度,给生态环境造成了严重的破坏。据联合国发表的《2000—2001世界资源报告》,占世界人口16%的西方工业化国家,消耗着世界上70%的能源,他们的资源消费等于发展中国家的3~8倍。在盛行高消费的发达国家,本国资源远远不能自给,他们只好通过不同途径、以不同手段对发展中国家的自然资源巧取豪夺,严重损害这些国家人民的利益和这些国家未来的发展。高消费导致挥霍地球资源的现象,造成了资源的巨大浪费,产生了大量的废弃物,造成了严重的环境污染。这种脆弱的经济体系如果不进行改造,就根本无法长期存在下去。

与高消费形成鲜明反差的是,根据联合国粮农组织2009~2012年《世界粮食不安全状况》报告估计在广大的发展中国家,至少有8.5亿人生活在贫困当中,全世界每天有1.4万儿童死于饥饿或营养不良。而对这样的现实,建立在不合理的国际经济秩序基础上的高消费、高浪费,无疑严重地损害着世界的全面发展以及全人类的正义和公道。

上述情况表明,高消费的生活方式消耗资源的速度,在生产和消费过程中排放的污染和废物,都是自然界不能承受的,而且为了支撑这样的高消费,整个世界特别是发展中国家的人民付出了巨大代价,导致了严重的代内不公和代际不公。越来越多的人已经认识到,高消费的物质生活既不可能长久地持续下去,也不可能给人带来真正的幸福,反而会制造心理疾病、社会危机和生态灾难,因此,这是一种不合理的、有违环境道德的消费模式,人类必须坚决反对并加以抛弃,提倡和建立一种适度消费的健康消费模式。

适度消费是以获得基本需要的满足为标准而不是鼓励对物质资源无止境地占有。适度消费不一定是低消费,而是与生产力发展水平和生态环境相适应的消费方式。适度消费意味着既要满足人类物质生活之必需,同时又有利于人类的持续生存与发展。它要求人们在消费活动中,形成一种使用物质资源的新道德,人们应当以节约和积蓄为荣,而不是以花钱和弃旧为荣,以适应资源匮乏时代的到来;还要求发展一种新的生产技术,最低限度地使用资源,同时延长产品的寿命,而不是追求最大生产量的生产制度。

(二)崇尚简约生活

节俭是人类的一种传统美德,它倡导的是一种节制的、简朴的生活方式。简朴是与豪华、奢侈、挥霍相对而言的。节俭并不反对欲望,而是主张对欲望的适当节制。因为人类的需求是无止境的,而自然界并非取之不尽,更何况人口还在急剧膨胀。如果我们对自身欲求不加限制和调节,被物欲控制了身心,其后果不堪设想。当前严峻的生态现实已警示我们,欲望必须控制,享受应当有度。从另一角度来说,节俭所强调的物尽其用,怜物惜物,在本质上蕴含着人与自然的和谐,它要求人们珍惜自然给人类提供的生活之源,在消费时不能浪费。美国学者布朗(Brown L R)曾这样评价:"自愿的简化生活,或许比其他任何伦理更能协调个人、社会、经济以及环境的各种需求。"①

节俭还应关注和参与循环消费,尽可能地对资源和制成品进行反复或循环使用。例如,提倡对家庭工具、汽车、小孩玩具,甚至图书资料和计算机数据的共享;购买和使用市场上主要以再生资源而不是原生资源制成的产品;抵制一次性用品的滥用而更多地选择可反复使用的日常用品;注意对物品的维修而不是简单的替代;把自己不再需要但仍然有使用价值的用品转让给他人,等等。

(三)参与绿色消费

绿色消费是当代人类消费道德的一种新境界,它要求在消费过程中自觉抵制对环境有影响的产品和消费行为,购买在生产和使用中对环境友好以及对健康无害的绿色产品。随着消费者生活质量意识和环保意识的提高,人们消费观念对消费行为的影响越来越大。他们在购买商品时不仅要求商品对本人无直接损害,而且要求商品对环境无损害,甚至要求制造该商品的生产过程对环境无损害,消费者对商品需求的这一新变化,不单纯是消费者对个人保健的需要,在更深层次上反映了人们开始更多地自觉承担起维护生态健全的责任。消费者的价值取向,促使绿色消费市场的出现,要求并迫使企业的生产和产品必须考虑环保的要求。越来越多的企业已经发现保护环境非但可以节省开支,而且能大大增强企业竞争力,促使企业从管理上、技术上寻求不破坏生态与污染环境的办法,并积极付诸实施。

绿色消费是人类走向生态文明的标志之一,体现了人类社会的进步与发展。积极参与绿色消费,抵制有害生态环境的产品,是每个消费者应负的道德义务和道德责任。因为每个人的生活都离不开环境保护,从对垃圾的处理到生活中的消费习惯都反映着一个人对地球和人类未来命运的关注程度,体现出一个人对环境保护这一伟大事业所作的贡献。

1999年,美国社会学者保罗·瑞恩提出了一种高质量的、健康的、可持续的生活方式,称为 LOHAS(life style of health and sustainability),译为"乐活"。

---

① 〔美〕布朗.建设一个持续发展的社会[M].祝友三等译.北京:科学技术文献出版社,1984:283.

近年来已形成了一种特定的文化。这让更多的人重新思考生活、重新审视时尚、重新定义流行。"乐活族"关心生病的地球，也担心自己生病。他们吃健康的食品，穿天然材质的衣服，使用二手物品，尽可能步行或搭乘大众交通工具，热爱户外运动，注重个人成长，把生态与身心健康放在名利之上，以一种健康的生活态度让自己的生命绽放得更加绚丽。

也许有人感到困惑，人真的要敬畏自然吗？生态伦理是信仰还是科学？科学是通过理性认知探求客观世界的真理，而信仰是以觉知来感悟世界真相，进而产生尊重甚至崇拜，使人在情感上获得能量支持和心灵的寄托。就生态伦理而言，它既包含科学，又包含信仰（余谋昌，2010）。自然界有无限的创造力，有无穷的多样性和奥秘，有巨大的能量，这是科学事实，我们需要尊重、崇拜和敬畏自然。就生态伦理而言，它既是伦理学知识体系的一部分，又包含对生命与自然的尊重、敬畏与感恩之心。

伦理道德应顺其自然，如果为了贯彻伦理和道德，却违背了自然之道，那就大错特错了。把伦理道德强加于人，只会在人们的内心制造冲突，是不会收到好结果的。那么如何顺其自然呢？我们首先应了解"德"从哪里来？——德因情而生。一个人的情越大，爱越广博，他的德行就越高。而情与爱绝非靠外力强加而产生。再继续追问，何以生"情"？——有感觉和感受，才能生情。所以，凡事都应该让人们去亲身经历，体验过程，承受结果。经历了逆境，走了错路，感受了人生不同的滋味，有了心灵的洗礼，而后才能提高。通过体验各种各样的感觉，才能促使心灵发展出良好的鉴别能力、觉知能力、洞察能力，尤其是对生命的感受能力。有了丰富的感觉，才会理解生命，才会从内心升起真正的"情"；有了情，人就会有善心；随着"私情"向"博爱之情"的发展，"善"又能逐渐派生出"德"。可见，提升人的觉知能力和感受能力是至关重要的。

所谓的是非对错，只有经过整个身心亲证之后，才能取信于它，然后才能真正与生命合而为一。在这一过程中，一个普通人就会逐渐变为善人，进而成为有德之人，人生境界在不知不觉中就已经提升了。这通常可能会花费人的一生，但也是人走向成熟的必经之路。这一过程没有捷径，必须经过"众里寻他千百度"的艰辛，"蓦然回首"，才有结果，即使你要找的答案、结果就在身边。任何形式的逃避、禁锢、强制都会适得其反。

第五章 建立生态文明和谐社会的途径

生态文明是个综合的系统工程,需要一个长期的、艰巨的过程。生态文明不仅是传统意义上的污染控制和生态恢复,而且包含了物质文明、精神文明、政治文明等多方面的内涵。物质文明应致力于消除人类活动对自然界稳定与和谐构成的威胁,逐步形成与生态相协调的生产方式和消费方式;精神文明应提倡尊重自然规律,建立人类自身全面发展的文化氛围,抑制人类对物欲的过分追求;政治文明应尊重利益和需求的多元化,协调平衡各种社会关系,实行避免生态破坏和道德危机的制度安排。在建设生态文明的具体途径中,保护自然是实现人与自然和谐的前提,其关键是转变经济发展方式;教育是实现人与社会、人与人和人与自我和谐的根本,其关键在于环境道德教育、养生教育和早期教育。前者见效快,属于治标,后者虽然见效缓慢,但属于治本,两个途径必需同时进行。下面分别从生产、生活和教育三个方面加以说明。

第一节 生态文明的生产方式

一、生态经济

(一)生态经济的起源

传统经济的缺陷之一在于低估了自然生态系统的价值。人类的生存与发展依赖于大自然,森林、湿地、河流和海洋等生态系统不但为人类生存提供了产品,而且提供了极其重要而且是不可替代的服务,且服务比产品更有价值。1997年,一个由13位生态学家、经济学家和地理学家组成的研究小组对生态系统的一系列功能作出了价值评估。这项研究涵盖了生态系统提供的范围广泛的服务,具体包括了基因资源、洪水控制、授粉、水源的提供以及对土壤侵蚀的控制等。他们得出结论:"自然提供的服务和经济价值总计约为每年33万亿美元,这个数字相当于全球每年的总产值。"例如,2002年全球国民生产总值为30万亿美元。"如果没有生态学生命保障系统的贡献,地球的经济就将停滞。因此在某种意义上,地球对经济贡献的总价值是无限的"(Costanza et al., 1997)。由于忽略了自然的价值,所以人们并没有把环境成本计算到经济成本之中。如燃煤发电,只计算了建造发电厂、开采和运输煤炭、向用户输送电力的成本,而没有计算燃烧煤炭所排放的二氧化碳对气候的破坏所造成的风暴灾害、冰盖融化、海平面上升和创纪录的热浪,也没有计算酸雨对淡水湖和森林的破坏,或者由于空气污染引起呼吸系统疾病的医疗费用。因此,燃煤发电的市场价格实际上大大低估了它们的成本。

传统经济的缺陷之二在于把自然资源看做是取之不尽、用之不竭的。20世纪以来,由于矿物能源和动力机械的结合,使资源开发利用的深度、广度和速度达到了史无前例的地步。盲目地开发矿产资源严重危害了土壤和植物,现代机械化农业和林业取得成功的代价是破坏了地球上的土壤,改变了地球上的气候,加速了各种生物的衰落甚至灭绝。

20世纪60年代初期,随着全球经济高速增长所带来的一系列生态问题的加剧,人们在反思传统经济不足的同时,提出了一些有益于生态系统的经济构想,生态经济思想的萌芽出现。美国经济学家肯尼斯·鲍尔丁1966年发表了《来自地球宇宙飞船的经济学》,提出人类赖以生存的地球是浩渺太空中的一只小小的飞船。人口的无限增加,经济的不断增长最终必将耗尽"飞船"内有限的资源。因此,人类应当建立一种不导致资源枯竭、能够循环利用各种资源的"循环经济"。在这种"循环经济"中,自然资源的消耗将减少到最低水平,人类文明的发展与生态的健全就可以真正统一起来,现代人的利益与未来人的幸福之间的矛盾就可以得到最终的解决。这就需要建立一种宇宙飞船伦理,"节省一切要经过不可逆转变的东西"。"这种极度节俭所要求的伦理观是,即使物质极为丰富,也要保持精神的贫困和心地纯正,'否则富裕的腐化将吞没我们'。"肯尼斯·鲍尔丁在他的重要论文《一门科学——生态经济学》中,首次提出"生态经济学"的概念,但对于生态与经济的摆位还不十分明晰。

赫尔曼·E·戴利等经济学家提出了自然资本论,他们认为传统经济模式严重地依赖于人造资本(如机器、厂房、设施等)的增长,并以严重地损害自然资本(包括自然资源的供给和生态系统的服务)为结果。随着人类事业的继续扩张,由地球生态系统所提供的产品和服务越来越稀缺,自然资本正在迅速成为制约因素,而人造资本则越来越雄厚。莱斯特·布朗则指出,由于市场力量不能反映商品和服务的全部成本,所以市场提供给各级经济决策者的信息往往是些误导人的信息,"在经济需求向自然系统的极限不断施以重压的世界里,依靠那种被扭曲了的市场信号来引导投资决策的做法,简直就是一种酿灾致祸的处方"。显然,只有遵循生态学原理的经济才是可持续发展的经济。

(二)生态经济的概念

生态经济,又称为循环经济(Circular Economy),是指借鉴自然生态系统物质循环和能量流动规律而重构的经济系统,就是按照生态学原理、市场经济理论和系统工程方法,将经济系统和谐地纳入到生态系统的物质循环过程中,实现经济活动的生态化以及自然—经济—社会复合系统协调发展的现代经济体系。这是以产品清洁生产、资源循环利用、废物高效再生为特征的高级生态经济形态。

采用线性模式开发和利用不可再生资源是不可持续的,而以资源再生为特征的循环生产模式才是可持续的,它能够为人类不可再生资源的利用提供无限的可能性,同时,还可以大大减少污染,改善生态环境。

在本质上,生态经济是生态和经济并重、双赢的经济形式,而不仅仅以其中之一为目标。生态经济实际上可以认为是追求帕雷托改进的经济,在同等的经济收益的经济形态中,我们选择生态经济就可以得到良好的环境。同理,在同等生态环境质量下,经济收益大的经济形式应该被采用。

(三)生态经济的优势

与传统经济模式相比,循环经济具有三大优势。

1. 低耗、高效的资源利用方式

循环经济的发展模式遵循三个准则,即"减量化"准则(Reduce),以资源投入最小化为目标;"资源化"准则(Reuse),以废物利用最大化为目标;"再循环"准则(Recycle)以污染排放最小化为目标。它要求把经济活动组织成一个"资源—产品—再生资源"的循环式流程(图5.1),其特征是低投入、低消耗、低排放、高效益。所有的物质和能源要能在这个不断进行的经济循环中得到合理和持久的利用,以把经济活动对自然环境的影响降低到尽可能小的程度。

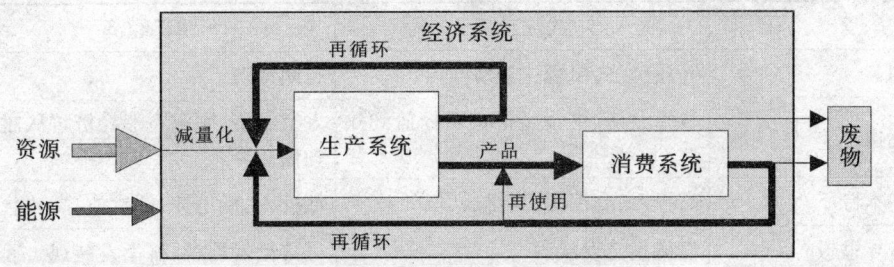

图 5.1　循环经济系统结构

传统经济是一种由"资源—产品—污染排放"单向流动的线性经济(图 5.2),其特征是高投入、低效益、高能耗、高排放。这样发展的结果是,生产活动不停止,资源消耗不终结,对自然的破坏越来越严重。

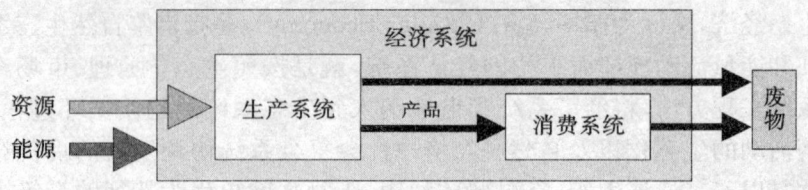

图 5.2　传统的线性经济系统结构

2.社会、经济和环境系统共赢的发展模式

循环经济以协调人与自然的关系为准则,模拟自然生态系统运行方式和规律,实现资源的可持续利用,使社会生产从数量型的物质增长转变为质量型的服务增长;同时,循环经济还拉长生产链,推动环保产业和其他新型产业的发展,增加就业机会,促进社会发展。

传统经济通过把资源持续不断地变成废物来实现经济增长,忽视了经济结构内部各产业之间的有机联系和共生关系,忽视了社会经济系统与自然生态系统间的物质循环、能量流动和信息传递规律,导致自然资源的短缺与枯竭,造成社会经济、人类健康的重大损害。

3.生产和消费有机结合的经济系统

传统经济的发展方式将物质生产和消费割裂开来,形成大量生产、大量消费和大量废弃的恶性循环。而循环经济则要求将生产(包括资源消耗)和消费(包括废物排放)这两个最重要的环节有机地联系起来。具体方式包括清洁生产、资源循环利用、建立共生的企业生态网络、建立废物回收和再利用系统等(表 5.1)。

表 5.1　工业文明的线性经济模式与生态文明的循环经济模式的对比

	线性经济	循环经济
别名	开放经济、单程式经济	封闭经济
比喻	牧童经济、牛仔经济,"从摇篮到坟墓"	太空经济、宇宙飞船经济,"从摇篮到摇篮"
基本特征	高投入、高消耗、高排放、低效益	低投入、低消耗、低排放、高效益
指导思想	机械主义发展观	可持续发展观,科学发展观
前提假设	资源供给是无限的,环境自净能力是无限的,自然环境是丰富的自由物品	资源供给是有限的,环境自净能力是有限的,自然环境是稀缺的经济物品

(续表)

	线性经济	循环经济
经济与生态的关系	矛盾冲突:经济增长以生态破坏为代价	和谐共生:经济增长与生态保护实现良性互动
人与自然的关系	人是自然的主宰,人凌驾于自然之上	人与自然是和谐的,人是自然的一部分

发展循环经济是实现社会与经济全面、协调和可持续发展,迈向生态文明的必由之路。循环经济充分体现了生态文明的自然观、伦理观和可持续发展思想,所以,循环经济与生态文明的内涵是统一的。循环经济的实施可以为生态文明的实现提供经济和物质基础,是生态文明构建的重要内容。

二、生态工业

(一)生态工业的产生与发展

长期以来,世界各国的工业界对防治工业污染普遍采取一种消极和抵制的态度。但是,自20世纪90年代以来,由于工业生产与发展正在发生深刻的变革,使不少国家工业界的态度发生了重大变化:一方面,他们看到工业污染既破坏自然资源,又损害人体健康,从而危及人类的生存和工业发展的生态基础;另一方面,认识到工业污染对生态环境质量的损害,不仅严重影响企业的名声,损害了企业的社会形象,而且不利于市场竞争,成为影响企业生存和工业发展的一个重要制约条件。因此,在绿色运动和市场竞争的压力下,使人们对单纯追求利润、忽视生态环境保护的传统企业经营思想和传统工业发展模式产生了怀疑。为了树立企业的良好形象,增强企业的竞争力,近年来发达国家兴起一股企业环保热,变革传统工业发展模式,使工业朝着生态化的方向发展。

生态工业的学科基础是工业生态学(Industrial Ecology)。一般认为工业生态学起源于20世纪80年代末罗伯特·福罗什(Frosch R)等人模拟生物的新陈代谢过程和生态系统的循环再生过程所开展的"工业代谢"研究。1989年《科学美国人》杂志发表了题为"可持续发展工业发展战略"的文章,提出了生态工业园的新概念。1990年美国国家科学院与贝尔实验室共同组织了首次"工业生态学"论坛,对工业生态学的概念、内容和方法及应用前景进行了全面系统的总结,基本形成了工业生态学的概念框架。

工业生态学是一门研究社会生产活动中,自然资源从源、流到汇的全代谢过程、组织管理体系以及生产、消费、调控行为的动力学机制、控制论方法及其与生命支持系统相互关系的学科。工业生态学最主要的理论,是将工业体系仿照自然生态系统,规划、建设成为生产者、消费者和分解者以及外部条件。它将工业系统作为生态系统的一种特例。因为在本质上,不论是生态系统还是工业系统,都表现为物质能量以及信息的流动与储存,是一种代谢过程。因此,把生态系统的含义从自然推及人工系统,将工业体系视为工业生态系统,是生态系统的一个子系统,是一个合理的类比和推论。

所谓生态工业就是以生态理论为指导,从生态系统的承载能力出发,模拟自然生态系统各个组成部分(生产者、消费者、还原者)的功能,充分利用不同企业、产业、项目或工艺流程等之间,资源、主副产品或废弃物的横向耦合、纵向闭合、上下衔接、协同共生的相互关系,依据加环增值、增效或减耗和生产链延长增值原理,运用现代化的工业技术、信息技术和经济措施优化配置组合,建立一个物质和能量多层利用、良性循环且转化效率高、经济效益与生态效益双赢的工业链网结构,从而实现可持续发展的产业。

生态工业的三个基本原则是减少资源的用量、循环使用资源、废弃资源重新利用。由于自然资源相对有限,因此工业生产中首先要解决的问题是提高生产效率,降低资源的使用量,减少浪费。生态工业的最高目标是使所有物质都能循环利用,而向环境中排放的污染物极小,甚至为零排放。

(二)生态工业与传统工业的对比

1. 追求目标不同

传统工业把生产产品、销售产品作为获取利润的手段,因此属于典型的"产品经济",它主要致力于生产和销售产品实体而相对忽视提供功能和服务,高度重视交换价值而相对忽视使用价值,片面追求经济效益而忽略生态效益。与此相反,生态工业倡导的是"功能经济",即鼓励消费者购买产品的服务功能而不是购买产品本身,强化企业对社会的服务功能。企业既要重视产品的交换价值更要重视其使用价值,在追求经济效益的同时更看重生态效益、环境保护和工业的可持续发展。

2. 系统构成不同

传统工业由采掘业和加工业(包括冶炼业、制造业)两大部门所组成。前者主要开采不可更新资源(化石能源和其他矿产),为加工业提供所需要的原料和初级能源产品。加工业则将采掘业提供的原料和初级能源产品进行多层次的加工,为各行各业以及家庭消费者提供各种各样的消费品。生态工业系统模拟自然生态系统,由资源生产、加工生产、还原生产三大部门组成。整个工业生态链高效、良性循环,做到工业发展与生态环境协同进化。

3. 资源开发利用方式不同

传统工业在经济效益最大化、目标行为短期化的驱动下,一般将垃圾及其他废弃物视为无用的、等待处置的物品,许多来源于自然环境的原材料经过一次生产过程后就变成了废物排放到环境中,打破了自然界的物质平衡:一方面,从自然界获取太多,造成自然资源枯竭;另一方面,又将大量废物排放到环境中,破坏环境容量和自净功能,造成生态系统失去平衡甚至退化。因此,在资源开发利用方面表现为明显的"三高"即高开采、高耗费、高排放特征。生态工业则从经济效益和生态效益兼顾的目标出发,依据生态学的基本原理,指导资源的综合开发和利用,每一个生态工业园区内各种工矿企业相互依存,形成共生的网状生态工业链,达到资源的集约利用和循环使用。

4. 对技术、产品的要求不同

传统工业对工艺技术和产品只强调经济效益,只要是有助于降低成本、提高效率,增加企业经济效益的工艺技术一律引进吸收;只要是市场所需的工业产品一律放行。而生态工业更强调经济效益和生态效益有机结合,在技术引进和产品生产方面不仅有技术、市场和经济的严格要求,而且还有生态环境保护的限制。只有那些对生态环境不具有较大危害性,而且符合市场原则的工艺技术和产品才能引进和生产,并进入流通领域。

5. 产业结构和布局不同

传统工业过分强调工业的专业化、区域化,企业产品单一化,生产周期过分追求规模经济效益,而且是区际封闭式发展,系统内部是一些相互不发生关系的线性物质流的叠加,由此造成出入系统的物质流远远大于内部相互交流的物质流,最终导致各地产业结构趋同、产业布局集中、同类工矿企业林立,造成当地生态环境系统超载,资源过度开采和浪费严重,工业废弃物大量、集中排放,环境污染严重,如各种矿区等。生态工业强调系统的开放性和相对封闭性,不仅系统要经常引进和吸收周围环境的先进技术、人才、新材料、新能源等,而且系统内的人流、物流、价值流、信息流和能量流应该在整个工业生态系统中按照多种工艺路线合理流动,以互联的方式进行物质能量转换,这就要求,既要遵循生态系统的有限性原则合理开采可再生资源,以确保资源的自然恢复和再生,同时也应充分利用共生原理和生产链延长增值原理、生产链加环增值、增效或减耗原理、能量多级利用和物质循环原理,集聚多个不同种类的相关工业企业,通过不同生态工艺之间、产品与资源之间、废弃物与资源的耦合关系,尽量延伸工业产业加工链,最大限度地开发和利用各种资源和主副产品,减少废弃物向环境的排放,既获得产品最大限度增值,又保护了生态和环境,实现了工业产品"摇篮—坟墓—摇篮"的良性循环,产业结构多元化,产业布局多样化。

(三)建设生态工业园区

生态工业园(Ecologically Industrial Garden)是指以工业生态学及循环经济理论为指导的,生产发展、资源利用和环境保护形成良性循环的工业园区建设模式,是一个能最大限度地发挥人的积极性和创造力的高效、稳定、协调、可持续发展的人工复合生态系统。它是高新技术开发区的升级和发展趋势,体现了新型工业化特征及可持续发展战略的要求。

较之于传统工业园,生态工业园具有迥然不同的特点。①组织方式:生态工业园通过园区工业系统内物质封闭循环、物质减量化和能源脱碳等方法实现了生态重组,而传统工业园只是在一定空间内单个企业的简单叠加。②合作动力:生态工业园成员间的合作动力源于园区的经济、社会和环境效益,通过废物的交换、信息的交流、管理的配合实现了企业间经济、社会与自然环境之间的良性互动。而传统工业园只是因为吸聚作用将成员"集聚"起来,其合作动力源于集聚经济效益,难以从根本上实现社会效益与环境效益的共同增进。③运转机制:生态工业园以生态系统食物链、食物网方式来支持其网络流动,每一成员均是网络的节点,物质、能量、信息在各节点之间按照一定的经济和生态规则流动,可实现互惠互利、共生共荣。而传统工业园不能实现网络流动。

由于生态工业园区符合可持续发展的理念,为人类工业的发展描绘了美好的前景,自工业生态学的概念提出来之后,在北美和欧洲的一些发达国家兴起了规划和建设的高潮。美国、德国、法国、加拿大建成了相当多而且具有一定规模的生态工业园区;亚洲的日本、泰国、印度、印度尼西亚、菲律宾等国家也已经有很多成型的生态工业园区。此外,非洲的国家也正在大力发展生态工业园区,如纳米比亚和南非等国正在积极兴建 EIP。中国近年来也建成了一批比较有代表性的生态工业园区,如贵州的贵港生态工业园区、浙江衢州沈家生态工业园区。

20 世纪 50 年代,自发形成的丹麦卡伦堡工业共生体(Industrial Symbiosis)被誉为世界上第一个生态工业园区。丹麦的卡伦堡地处北海海滨,位于哥本哈根西部约 120 千米,是一个仅有 2 万居民的工业小城市;在 20 世纪 50 年代凭借其优良的港口开始发展,80 年代通过发电厂和炼油厂之间相互利用废水、废气等而自发形成了卡伦堡"工业共生体"。目前,该生态工业园区,经过几十年的探索、滚动发展和优化组合,已经发展成为一个包括发电厂、炼油厂、生物技术制品厂、塑料板厂、硫酸厂、水泥厂、种植业、养殖业和园艺业以及卡伦堡镇的供热系统在内的高效、和谐的生态工业园区,这种企业生态网络系统有效地解决了企业单独运营时可能产生的污染问题,化废为宝,充分体现了工业生态学的规划理念和思想,堪称工业生态学中的经典范例(图5.3)。其成功运行,为其他生态工业园区的实践提供了良好的榜样。

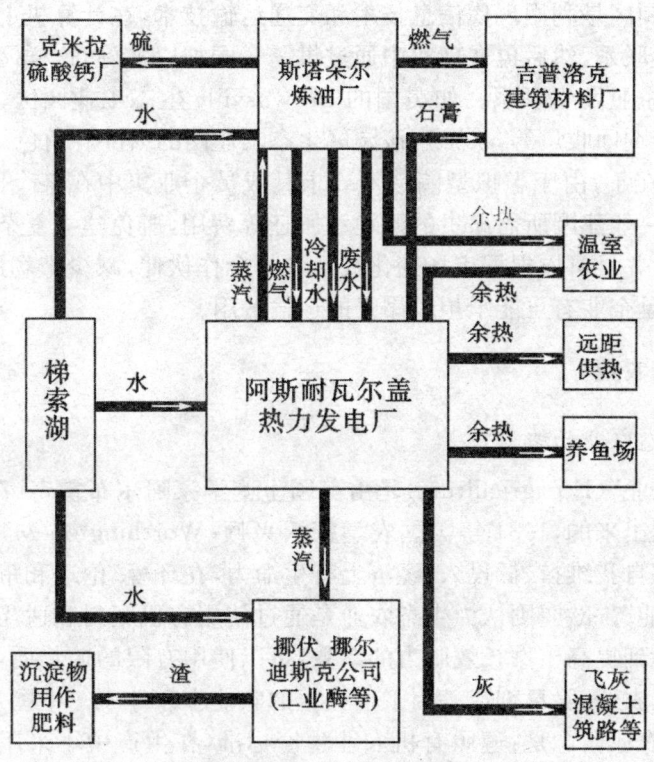

图 5.3 丹麦卡隆堡工业共生体物流模式图

1994年,美国环境保护局和可持续发展总统委员会指定了四个社区作为工业生态园区的示范点,其中包括马里兰州的巴尔的摩、弗吉尼亚州的查尔斯角、得克萨斯州的布郎斯和田纳西州的恰塔努加。截至2007年,已有近20个生态工业园区在建设与规划中,涉及生物能源开发、废物处理、清洁工业、固体和液体废物的再循环等多种行业,并且各具特色。加拿大从1995年以来,生态工业园区项目已在安大略省多伦多的波特兰工业园区展开。这一工业区汇集了有着废物和能量交换潜力的多种制造和服务行业。据最近对其共生和能量再循环的一体化生态工业园区进行的研究,加拿大40个工业园区中有9个被认为具备很强的生态工业园发展的可能性。其中涉及的核心工业有蒸汽生产、造纸、包装、化学工业(苯乙烯、聚氯乙烯)、生物燃料、发电、钢铁、石油提炼、水泥等。韩国"国家清洁生产支援中心"2004年9月开始研究6个工业园区建设"生态产业园区"的计划,2005年已经确定了3个"示范区",先行一步以取得经验。

另外,发展中国家由于工业发展滞后,污染严重,也纷纷仿效发达国家规划与建设生态工业园,其中印度、印尼、菲律宾、马来西亚业已启动生态工业园区项目。

虚拟型园区是利用现代信息技术和交通运输技术,在计算机上建立成员间的物、能交换联系,然后再在现实中通过供需合同加以实施,这样园区内企业可以和园区外企业发生联系。如美国的Brownsville生态工业园区,引入热电站和废油、废溶剂回收厂等,来担当该园区生态工业网的"补网"角色。

其优势在于,由于虚拟型园区不要求其成员企业集中在某个固定的区域,这可以省去一般建园所需昂贵的购地和搬迁等费用,避免建立复杂的园区管道等网络系统,并且可以根据市场变化灵活选择合作伙伴,减少市场风险的冲击。它的缺点就是企业有可能承担较昂贵的运输费用。

三、生态农业

(一)生态农业的概念

"生态农业"(Ecoagriculture)是由美国土壤学家阿尔布雷奇(Albreche W)于1970年提出来的,1981年美国农学家沃兴顿(Worthington M)将其定义为"生态上能够自我维持,低投入,经济上有生命力,在环境、伦理和审美方面可接受的小型农业"。欧盟则认为生态农业是通过使用有机肥料和适当的耕作与养殖措施,以达到提高土壤长效肥力的系数,可以使用有限的矿物质,但不允许使用化学肥料、农药、除草剂或基因工程技术的农业生产体系。中国1981年首次提出的生态农业概念是:遵照有机农业生产标准,在生产中不采用基因工程获得的生物及其产物,不使用化学合成的农药、化肥、生长调节剂、饲料添加剂等物质,遵循自然规律和生态学原理,能够实现持续稳定的农业生产过程。它的理念和宗旨是:在洁净土地上,用洁净的生产方式生产洁净的食品,以提高人们的健康水平,协调经济发展与环境之间、资源利用与保护之间的关系,形成生态和经济的良性循环,实现农业的可持续发展。这种生态农业既继承了传统农业中资源可持续利用、环境保护和"机械农业"高产高效的双重特点,同时又摒弃了传统农业生产方式单一、生产力水平低下和资源消耗量大、污染环境的缺点,是一种避免环境退化、技术上适宜、经济上可行的现代农业发展的捷径,代表了未来农业经济发展的方向。

(二)生态农业的优势

生态农业的生产结构是农林牧副渔各业合理结合,使初级生产者农作物的产物能沿食物链的各个营养级进行多层次利用,以更有效地发挥各种资源的经济效益,维护良好的生态平衡,使资源得到持续利用,提高农业生态系统的生产率,基本上可以达到在最大限度保护土地资源、水资源和能源的基础上,获取高产的目的。实践表明,推广生态农业模式,一般可比当地的"常规农业模式"增产8%～12%,高的可增产15%～20%,尤其是推广现代高效生态农业模式,其增产幅度可达25%以上(姬振海,2007)。

生态农业强调施用有机肥和豆科植物轮作,化肥只作为辅助性肥料;强调利用生物控制技术和综合控制技术防治农作物病虫害,尽量不使用化学农药。这些基本措施大大减少了化肥和农药污染,有助于保护生态环境,实现无废物、无污染生产,达到少投入、多产出的目的,实现经济、社会、环境的综合效益。

(三)国外生态农业发展概况

生态农业的概念和原理一经提出,立即得到广泛的重视和响应。一些发达国家纷纷开始了有关生态农业的理论和实践试验。据报道(卞文娟,2009),西欧和美国大约1%左右的农民在从事生态农业的实践。在美国已有2万多个生态农场遍布全国各地,在实践中所采用的技术措施主要有:应用现代农业机械、作物新品种、现代的良好牲畜管理方法和水土保持技术以及先进的有机废物和作物秸秆的管理技术;完全不用或极少使用化肥、化学农药、生长调节剂和饲料添加剂等化学物质;采用豆科和覆盖作物为基础的轮作,通常豆科作物占总面积的30%～50%,轮作形式与20世纪30～50年代的轮作制相似;绝大多数生态农场不用壁犁耕作,通常使用凿形或圆盘形装置浅耕,只是将土壤混合一下,但不把土壤翻转过来;采用梯田、带状或等高作业等方式保持土壤免受侵蚀;氮素营养主要来源于豆科固氮、牲畜粪便和作物秸秆,只对特别需氮的作物有限度地用一点化肥;农田杂草主要通过轮作、耕作和中耕除草来控制,极少用除草剂;病虫害主要通过轮作和保护天敌控制。这些具体作法,有些是目前常规农业也在广泛采用的,有些是过去传统农业中普遍使用而后在工业发展的过程中被弃用,但从特定的目的和指导思想出发将这些实践有机地配合起来,就形成了既不同于传统农业也不同于现代常规农业的生态农业。

(四)生态农业的典范

1. 菲律宾马雅农场

菲律宾的马雅农场(Maya Farms)被视为生态农业的一个典范。它把农田、林地、畜牧场、鱼塘、加工厂和沼气池巧妙地联结成一个有机整体,使能源和物质得到充分利用,把整个农场建成了一个高效、和谐的农业生态系统。在这个系统中,农作物和林木初级生产的有机物经过三次重复利用,通过两个途径完成物质循环。用农作物废弃物、杂草和枝叶喂养牲畜,是对营养物质的第一次利用;用牲畜粪便和肉食加工厂的废水生产沼气,是对营养物质的第二次利用;

沼气厂废液经过氧化塘处理,被用来养鱼、灌溉,用沼渣生产的肥料肥田、生产的饲料喂养牲畜,是对营养物质的第三次利用。农作物→秸秆、枝叶→牲畜→粪便→沼气池→废渣→肥料→农作物,构成第一个物质循环途径;牲畜→粪便→沼气池→废渣→饲料→牲畜,构成第二个物质循环途径。1983年后,沼气厂生产的沼气可完全满足农场的能源需求。这种巧妙安排,使生物能获得最充分的利用,而且肥料可以还田,又不向环境排放废弃物,控制了庄稼秸秆、人畜粪便对环境的污染。可以说玛雅农场完全实现了能源和资源的综合利用,以及物质和能量的闭路循环。

2. 中国广东桑基鱼塘

桑基鱼塘是广东省珠江三角洲一种独具地方特色的农业生产形式,是明清时期中国水乡人民在土地利用方面的一种创造,也是中国建立合理的人工生态农业的开端。它既能合理利用水利和土地资源,又能合理地利用动植物资源,在生产上形成良性的循环,不论在生态上,还是在经济上都取得了很高的效益,赢得了世界的瞩目。

珠江三角洲地处北回归线以南,全年气候温和,雨量充沛,日照时间长,土壤肥沃,是盛产蚕桑、塘鱼、甘蔗的重要基地。三角洲内河网密布,交通便利,自然条件优越。由于珠江三角洲地势低洼,常闹洪涝灾害,严重威胁着人民的生活和生产活动,当地人民根据地区特点,因地制宜地在一些低洼的地方挖深为塘,饲养淡水鱼;将泥土堆砌在鱼塘四周成塘基,可减轻水患,可谓一举两得。后来,随着农业生产的发展和市场经济的影响,出现了"果基鱼塘"和"桑基鱼塘"。"桑基鱼塘"是将低洼地挖深变成水塘,用来养鱼,挖出的泥堆放在水塘的四周为地基,基和塘的比例为六比四,六分为基,四分为塘。堆土筑基,填高地势,可相对降低地下水位,从而可在基上种植桑树。"桑基鱼塘"的生产方式是:蚕沙喂鱼,塘泥肥桑,栽桑、养蚕、养鱼三者有机结合,形成桑、蚕、鱼、泥互相依存、互相帮促进的良性循环,避免了洼地水涝之憋,营造了十分理想的生态环境,收到了理想的经济效益,同时减少了环境污染。

3. 中国北方"四位一体"庭院生态农业模式

"四位一体"庭院生态农业模式是中国北方生态农业发展中形成的最为成功的典型生态模式(卞文娟,2009)。其主要是把猪圈和沼气池建在生产蔬菜的日光温室中,既解决了沼气池越冬问题,又可为生猪补充能量,为温室增温,为蔬菜提供优质有机肥。受气候影响,北方冬季风大、气温低,温室大棚需大量能源供暖,生产成本相当高。通过再生能源(沼气)、保护地栽培(大棚蔬菜)、日光温室养猪及厕所等因子的合理配置,形成以太阳能、沼气为能源,以人畜粪尿为肥源,种植业、养殖业相结合,能流、物流良性循环,资源高效利用,综合效益明显的生态农业模式。利用庭院有限的土地和空间,生产无公害绿色食品,同时解决了秸秆利用问题,减少农村环境污染。该模式充分利用了太阳能、沼气能和动物热能;充分利用了土地、时间、饲料等,是实现资源共享、经济与资源利用效率最大化的生态农业模式。运用这种模式,温室内的喜温果菜正常生长,棚内畜禽饲养、沼气发酵安全可靠(图5.4)。

"四位一体"生态农业模式结构简单易于建设,以庭院为基础管理方便。中国北方大部分区域因受自然条件和社会经济条件等的制约,目前实现大规模集约化经营尚不可能,这就为庭院经济的充分发展创造了良好的空间。"四位一体"恰好满足了这一发展需求。它结构简单,各项建筑工艺成熟,建设场地易于选择,施工难度不大,投资规模较小,大多可就近建设在农户庭院内或其附近,因此易于管理。以庭院为基础,充分利用空间,搞地下、地上、空中立体生产,提高了土地的利用率。同时由于"四位一体"生态农业模式劳动强度适中,劳动周期较长,家庭妇女、闲散劳动力都能干,尤其是在北方冬季大多需要卷帘、监测温度和湿度、人工授粉等,于是就充分利用了冬闲时的劳动力,有效遏制了剩余劳动力的盲目外流,有利于开发农村劳动力资源,提高农民素质。该模式是技术性很强的农业综合型生产方式,是改革传统农业生产模式、实现农业由单一粮食生产向综合及多种经营方向转化的有效的途径。

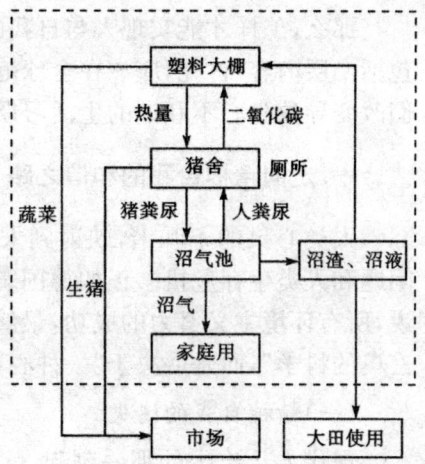

图5.4 "四位一体"生态农业模式示意图(卞文娟,2009)

第二节 生态文明的生活方式

文明是人类的存在方式,建设生态文明社会的根本目的是为人服务。在努力实现人与自然、人与人的和谐共生过程中,必须首先实现人与自我身心的和谐,使作为个体的人能够得到全面的发展。这是可持续发展的灵魂。所谓人自身的发展,包括三方面内容:人的基本的合理(物质和精神)需求的满足;人的素质的提高,包括生理素质、心理素质、科学文化素质、思想道德素质等;人的能力的发挥,即人们认识、理解、有意识地影响与规划现实世界和自身之变迁的能力,具体表现为思维的创新性和实践的创造性。

那么,怎样才能实现人与自我的和谐呢?那就是以可持续的方式生活。这包括二层内容,首先,应该在全球范围内消除贫困,解决温饱问题;其次,引导人们改变导致身心不和谐的生活习惯和观念,在全社会推广养生和心灵成长。

一、走向精神自我的和谐之路

人类心灵的不和谐,映射到人与自然的关系上,便造成了当代的各种环境问题和人类生存危机。正如德国著名社会学家乌尔里希·贝克(Ulrich Beck)说,所有环境主义努力的成功,最终并不取决于"什么高超的技术",或者"什么玄奥的科学",而是取决于"一种心灵的状态"。

(一)精神自我的迷失

现代人从出生的那一刻起,就受父母的思维定式以及环境现实的局限,往往忽视了生命中精神自我的存在。生存的危机、生活的压力,常常让我们处在高度的紧张和恐惧之中,难得心灵的平静和安宁。我们能做的就是快速适应这个充满危机和竞争的外在世界。精神自我的存活期很难超过6岁。这让我们这些外在看似成熟的人,内心却停留在童年时的脆弱和无助(王树,2009)。

1. 心灵的缺失

人从出生到7岁,感官受到的影响会引领和启发自己,在感受世界的过程中,吸收能量用来完成"心灵胚胎"的发育(图5.5)。如果一个孩子的心灵得到了足够的滋养,他的"心灵胚胎"会发育得很好,充满能量,足以应对外在的世界;而一个缺少关爱的孩子,他的心灵得不到足够的滋养,童年时期经历的许多痛苦、无助、挣扎在心灵深处形成了许多制约和束缚,使发育不健全,能量不足,十分脆弱,反而负面能量较多。这样的孩子在成长阶段与社会不断接触的过程

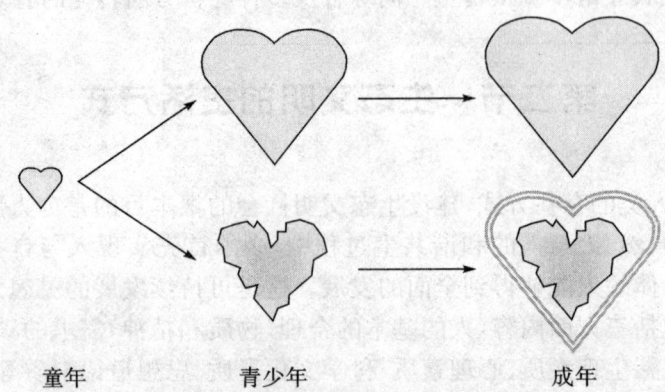

图 5.5 人的心灵胚胎从童年到成年的两条不同发育路径

中,在他心灵的外面就自然地形成一个保护性的套子。这种心灵带有套子的人给人的印象往往是,外表坚强、勇敢,内心脆弱、恐惧。这种人在青少年阶段,套子还没有完全形成时,内心尤其脆弱,不能经受打击,稍有挫折,就反应激烈,陷入不良情绪中难以自拔。

由于精神自我在我们生命中的存活率很低,于是,我们早早地就把眼睛瞄向了外在的世界,将所有的安全感寄托于这个外在世界。我们期待这个世界、期待别人给我们幸福,而忘记了或者难以理解幸福其实就藏在我们内心的精神自我里。也许,我们在意识层面并未察觉我们的这些观点,但它们却在潜意识中支配着我们的生活与生命。我们不仅拥有了各种各样难以实现的期待,还获得了这个外在世界给我们的各种规条和限制性的信念,例如,有钱就有幸福,头脑和知识高于一切,这个世界都不可相信……也许,我们在意识层面并未察觉我们的这些观点,但它们却在潜意识中支配着我们的生活与生命。我们就像断了线的风筝,失去了来自线的能量,也失去了方向,只能随风飘浮,只能依赖于风,而不能自主。

于是,我们压抑我们的感受,欺骗自己的心灵,彼此指责,抱怨生活。因为,我们活着的只是一个没有精神的身躯。据中国疾病预防控制中心精神卫生中心 2009 年统计,中国精神疾病患者人数至少有 1 亿人。美国资深心理医生斯科特·派克(Peck M S)则认为,几乎人人都有心理问题,只不过程度不同而已。

2. 心灵的污染

爱的温暖、被欣赏后的喜悦、拥有安全感后的踏实、被关注和重视后的满足感,这些正面能量的来源是人类共同的渴望,也是人在孩童时期精神自我种子的滋养品。但是,这些恰恰是我们的心灵在童年成长过程中最为匮乏的。对儿童而言,拥有精神之爱和心灵需求的满足几乎是一种奢望。而这种经历所造成的精神自我的迷失必然导致心灵的抗污染性、免疫力降低。在心灵缺乏滋养而正面能量不足的同时,现在社会上的一些污浊的事物、诱惑和偏见在不断地污染着每个人的心灵,使人们迷失了自心的本性,本来纯净的心灵中充满了各种不同的负面能量,这些负面能量不断地从外界吸收着新的能量来强化自己、壮大自己,从而不断地阻碍着我们心灵的视觉。

今天,当我们希望给予他人精神之爱和心灵需求时,我们才感到心有余而力不足,因为我们自己内心里爱的能量太少了,往往不知道如何去爱,因为我们离内在的心灵感受、内在的精神之爱已经很远很远了;当我们在洞察世界、与他人进行交流时,我们只会使用大脑进行充满源于外在世界的逻辑和经验的推理和判断,而不会用充满正面能量的、功能健全的心灵的视觉去感受、去体验,因为我们的心灵之眼已经被遮住了。亚当·斯密说,我们时常看到,世人尊敬的目光比较强烈地投向有钱与有势的人,而不是投向有智慧与有德行的人。历代大德无不感叹:财富与显贵时常享有只应属于智慧与美德的尊敬和钦佩;而只应针对恶行与愚蠢表示的轻蔑,却往往极不公正地留给贫穷与卑微承受。这也是现代人类社会的道德情感所以败坏的一个重大且极为普遍的原因。也许只有面对一些新生的生命形式(如婴儿),从它们身上闪耀出来的天真、娇柔和美丽——这些不属于这个尘世的特质和纯自然的本性,才能让感觉迟钝的人们找到一点感觉,忍不住开心起来。

3. 装在"套子"里的人

由于精神自我的迷失,导致我们在面对这个充满危机的外在世界的时候,不得不将自己包裹在一个对自身起保护作用的"套子"中,正如契诃夫优秀的代表作之一《装在套子里的人》中的主人公——中学教希腊语的中年教师别里科夫一样。因为,也许这样会让我们感到所谓的安全。但这并非明智,为此,我们付出了更为惨重的代价:一是失去了心灵的自由。套中人适应力极差,一旦套子赖以存在的环境发生改变,其脆弱的心便裸露出来,失去保护,往往受到巨大的、难以承受的打击。二是失去心灵的爱和心灵的视觉。装在"套子"里的大多数成人已经变得冷漠和麻木,感受力的丧失使他们根本不懂得如何去尊重一个生命,更无从谈论珍惜一个生命了,因为在潜意识中,套中人对"套子"特别地看重,甚至重过自己的生命。更令人担忧的是,在这些成人的影响和伤害下,许多孩子也悄悄地穿上了那件禁锢内在生命的"套子"!

总之,就一个生命而言,人的精神自我的缺失,导致我们的内在世界单调、乏味、肤浅,没有更多的创造力,有的只是伤痛、恐惧、无奈和危机。这让我们在面对生活中的情感问题的时候,在需要承担自己、家庭以及社会责任的时候,在面对新环境和压力挑战的时候,在需要给予自己的孩子精神之爱和心灵指引的时候,就如同孩子般的无能、无助,或没有承受力,或不知所措。

我们从很小的时候开始,就一直活在"别人怎么说"的世界里,却很少愿意寻找自己的感觉是什么,自己的需要是什么,自己的想法是什么。我们学会了积累许多知识和技巧、物质和财富,学会了依赖他人的经验来证明自己的存在价值和是非对错。因为在我们的心中没有属于自我的生命体验作为智慧的根本和判断是非的标准,在我们的生命里没有洞察,没有觉醒。当我们所依附的那些知识和现实发生矛盾时,就开始了挣扎和冲突;当我们所学会的是非观念与他人的是非观念发生对立和冲突时,就可能会引发人与人之间的对立和冲突。迷失了精神自我,所学的一切知识只能停留在脑子里,而不会经过自我的洞察和觉醒,自然不能与生命相结合。这不是个别现象,这几乎是几代人的问题。建设精神文明,如果不能从解决人的心灵问题入手,那很可能就会无果而终。

(二)完成自我成长

我对自尊的宣言
(美)萨提亚

我是我自己。

在这世界上,没有一个人完全像我。有些人有一部分像我。但没有一个人完全像我。因此,从我身上出来的每一点,每一滴,都那么真实地代表了我自己,一切都是我自己的选择。

我拥有我的一切,包括我的身体和它所做的事情;我的大脑和它的所思所想;我的眼睛和它所看到的事物;我的感觉,不论是愤怒、喜悦、挫折,还是爱、失望、兴奋;我的嘴巴和它所说的话,礼貌的、甜蜜或粗鲁的,正确的或不正确的;我的声音,大声或者小声的;我所有的行动,不论是对别人还是对自己。

我拥有我的幻想、梦想、希望和担忧。

我拥有我所有的胜利与成功,所有的失败与错误。

因为我拥有全部的我,因此我能和自己更熟悉、更亲密。由于我能如此,所以我能爱自己,并友善地对待自己的每一部分。于是,我就能够做我最感兴趣的工作。

我知道某些困惑我的部分和一些我不了解的部分。但是只要我友善地爱自己,就能够有勇气、有希望地寻求途径来解决这些困惑,并发现更多的自己。

然而,任何时刻,我看、我听、我说、我做、我想或我感,那都是真实的我。

过些时候,我再回头看我如何看、听、想和感受的,有些可能已经不再合适了。

我能够舍掉一些不再合适的,而保留其余的,并且再创造一些新的来取代舍掉的那些。

我能看、听、感受、思考、说和做。我有方法使自己觉得活得有意义、亲近别人,使自己丰富和有创意,并且明白这世上其他的人类和我身外的事物。

我拥有我自己,因此我能驾驭我自己。

我是我的。而且我很好。①

工业文明时代,整个的文化、价值观都在教我们如何修饰外在的自己,偏向外在的价值,在外在的世界里寻找我们所需要的,而没有一个教育系统告诉我们,其实我们的内在才是最丰富的宝藏。在每个人的成长道路上,我们首先要

---

① 〔美〕萨提亚.新家庭如何塑造人[M].易春丽等译.北京:世界图书出版公司,2006:26-27.

做的就是了解自己。这犹如点亮了一盏明灯,指引着我们的思维、我们的心灵体验以及我们为此所付出的行动。当自己的状态经过调整而恢复到正常,或者本来就是比较正常的人,就不需要过于强化自我意识,过于关注甚至纠缠于(属于小我范畴的)自我,以免陷入我执或极端自我中心主义的狭隘状态。

美国著名心灵导师露易丝·海(Hay L L)对待自我的态度更加积极、更加开阔。她1998年在著作《生命的重建》中说道:

在我广阔的人生中,一切都是完美、完整和完全的。我的世界里一切都好。

……

我爱我自己,因此,我用爱的方式思考和行动,我这样对待所有的人,他们又成倍地返还给我。

我爱我自己,因此,我宽恕并解放过去,以及过去所有的经历,我自由了。

我爱我自己,因此,我完全生活在现在。我体验每一个美好时刻,而且我知道我的将来充满光明、喜悦和安全,因为我是宇宙中一个可爱的孩子,所以这世界乐意照顾我,现在和永远,都是这样。

1. 了解自己,接纳自己

每个人都有历史,无论是成功还是失败,快乐还是伤痛,辉煌还是平淡。对于自己的历史,我们要接纳和理解。这种接纳,绝不是陷入其中,不能自拔,而是一种学习。学习接纳一切历史的时候,我们也开始尝试与我们的内心做交流,并试着用我们隐藏了很久的成人智慧,让我们成长和改变。

然而,要真正做到完全的接纳并不容易。常常是头脑接纳,内心排斥;或者意识接纳,但潜意识排斥。这种冲突时常在我们身上发生,造成精神上的分裂。其实,我们每个成人的内在都有一个"受伤的小孩"。在我们的童年,在我们完全没有能力应对生活中发生的事情时,在我们完全无意识的情况下,一些经历、一些事件,在我们生命的内在留下了一些创伤、情绪和心理模式。我们的年龄在增长,但心理却滞留在"小孩"的那个状态。而且这个心理上的小孩,一直在支配着我们的思维、我们的情绪和我们的行动。这个心理上的"小孩",正是我们生活的制造者。生活中,你可能会因为某件事情而不能原谅自己,而且常常会将自己固着在这种情绪中不能自拔。其实,我们应该觉察自己,觉察"谁是我生活的真正制造者"。当你觉察到那个"受伤的小孩"时,你会给予自己最大的原谅,你会给予自己爱和能量。

另外,在我们的生活中,有许多不尽如人意的人与事,通常我们由于成长中形成的价值观与信念,我们的内心总会产生反感与排斥,而这种反感与排斥,又会激起我们内在的愤怒。于是我们开始抱怨与指责。在这样的环境中生活,受伤害最大的是我们自己,痛苦就是这样产生的。我们的信念,还有一些人生模式,是影响我们生活幸福的最大障碍。阻止我们达到成功的,通常并不是我们不懂的事,而是我们深信不疑、但其实不然的事情,那是我们的最大阻碍。如果能够慢慢解除原有的人生模式,我们的生命能量就会很顺畅,就不会常常把人生看得那么严肃和拘谨。

有些人会被"受害者模式"所困扰。受害者的角色,就是他不为自己生命中的任何事情负责,只会怪别人,把所有的责任都推到别人身上。如果有什么他该做但是他做不到的,他会说:"没办法,我就是这样。"这种所谓的受害者会不停地抱怨,怨天尤人,充满了无力感,他会坚定地认为,都是别人害他变成这样的,他没有办法。其实,我们每个人在生活当中,或多或少都会成为受害者,只要你在抱怨,多少都是受害者心态在作祟。

假如我们能够审视我们的内在世界,我们就会更多地关注我们自己的内心需要什么。要摆脱这种受害者模式,要常用正面的信念告诫自己:我为我的幸福快乐负责。我们不喜欢这些,但是我们需要接纳,因为这就是现实。在一个环境中,总会有黑有白,每一个人的生命状态,都处在不同的层次,每一个人都在以自己的方式尽力生存,所以我们应该接纳。我接纳,但我可以不喜欢。这样的坦然,会很好地尊重自己的内心,会让我们不必为别人的问题而苦恼自己。应重点把握的一个原则就是,始终让自己的意识处于正面能量状态,即爱、光明、吉祥、宽容、感恩等情绪状态。

2. 释放负面能量

想摆脱心灵的"套子"对我们的束缚,就得有强大的内心力量;而想要获得强大的内心力量,首先要做的就是释放积压在内心的负面能量。

我们很多人在成长的道路上,遭遇了各种各样的伤痛,积累了许多负面的能量。这些伤痛和负面能量已经构成了我们生命的一部分。我们每天在不知不觉中按照它的方式生活。通常,这些伤痛我们既不愿意面对,也不愿意接纳,总想将它们深深地埋藏或试图遗忘。这将导致我们形成固有的人生模式,迷失自我,丧失或根本不相信自己的感受力。而且,我们越是躲闪,这些伤痛就越是想折磨我们;我们越是隐藏,这些负面能量就越是损耗着我们。所以,我们要学习释放负面能量。

首先体验那时候的痛。头脑中的负面思想或痛苦的回忆会使我们回到产生伤痛的那一刻,然后用心去感受当时的痛苦,把内心的感受真实地表达给自己,内观自己内心的变化。在这一过程中,不能放纵自己,不能故意地不去控制自己的意识和行为,让自己陷入不良情绪中而不能自拔。然后用爱拥抱自己。与生命中的正面能量进行沟通,将注意力放在如何改变上,放在对自己成长的期望上。不久,我们会觉察到自己的情绪已经从负面思想中分离出来并开始消失了。这一过程一旦开始,你就会逐渐感觉到,生命的改变已经慢慢地发生了。当爱从心中升起时,那些负面能量便会不断地在我们的身体里转换并释放着,以负面能量为食的"小我"逐渐隐藏,我们的内在生命也开始渐渐地感受到更多的和谐。

上面介绍的心理诱导式方法是有局限的。它只能解决人的浅表问题,尤其对近期产生的或者主要由不良情绪造成的问题比较有效;而对于人的深层问题,由于其负面能量的级别太高,只能从心理治疗之外的其他途径寻找根本解决的方法。有些追求心灵成长的人,很容易陷入追求"我的感觉"的陷阱。因为当大爱之光照亮小我时,小我因难以承受而通常选择逃避或固守,从而迷失了大方向。如不能及时醒悟,这种没有"大爱"的修行,反而会使小我变得更加强大、更加狡猾,心灵成长也就进入了误区。

3. 摆脱心灵的障碍

释放负面能量绝不会一帆风顺,常常会遇到困难、阻碍,需要我们想方设法寻求突破。就人的一生来说,他所经历的不同的精神境界都会出现各自不同的问题,在每个年龄段、每个事业阶段、每个不同的环境条件下,都可能会出现障碍。比如,没有成就的,企图寻找人生的突破口;已经达到了理想的目标的人,在达到目标的同时也失去了目标,又在那里徘徊,等于是曾经有过,现在又失去了,这就需要再去寻找新的出路。所以说,人常常会被一种名相所限制、所障碍,而一旦得到了这个名相,你将可能会失去一切,人生就会变得很痛苦,而且这种痛苦不是外在的环境条件可以改变的。

许多人通常很执著,执著于快乐,执著于留住快乐,执著于自我的获得,执著于想要获得。天天想要提高本身,就是一种障碍。而摆脱这种障碍的方法就是,每天想一想:"我今天怎样做好自己"。日复一日,年复一年,做好这一生,就能达到一个光辉灿烂的境界。有人担心,没有了我执,名利会不会抛弃我们?其实正相反,越去追求,反而不易追到。其实,如果能做到"宠辱不惊,物我两忘",就能摆脱心灵的障碍。一个人不论贫富,不论地位高低,不论所谓的成功与失败,这些都不是最重要的,而关键在于我要做的事情。只要我找到了目标,决定去做了,那我就要能够承担得起世人对我的误解,或者是不好的名声,或者是暂时的黑暗或严冬,因为这都是人生旅途中必须要经过的其中的一个小站而已——这,才是我们需要去真正执著的!

人们今天对整个人生的失望,常常是因为暂时的黑暗或障碍将我们人生的未来的一切都给阻挡住了。在困境中,消极的情绪会使人在无意之中强化着自己身上的负面能量,我们应学会觉察、内观自己。有时人生常出现这样的情况,要么是自己给自己盖一座密不透风的房子,即使外面的阳光再好,也要把自己封闭起来,让自己生活在阴暗之中;要么就整天煞有介事地奔波忙碌,为了娶媳妇,拼命地干活、盖房、谈恋爱,等到最后要结婚时才发现,新郎另有其人,竹篮打水一场空。其实,当一叶障目之时,只要把树叶拿掉,我们就又能看到整个世界,世界依然与我同在,关键是我们能不能找到障目的那片叶子啊?如果能了解这一点,以积极的心态去面对,即使环境确实出现了障碍,但只要内心没有障碍,生活就会向好的方向转化。

4. 自我成长的阶段

自我成长的过程分为"回归自我"和"超越自我"二个阶段。就前一阶段的成长而言,最初的时候,我们会否认一些内在的感受。直到那股希望获得成长的内在力量打开我们的"潘多拉之盒",你会有种生命被击垮的无助,如同走进了生命的谷底。接着,你的心会像翻江倒海一样混乱,似乎自己的一切经验、美好感受都不复存在,留下的只有自己很糟糕的感觉。慢慢地,你会开始出现另一种状态。一段时间你感到自己已经很好了,但一段时间又会感到自己怎么还是这么不好。感性与理性在慢慢地彼此融入。心灵的开放会让自己拥有很多美好的感受,障碍和伤痛也随之慢慢离开,内在的智慧也开始一点一点地出现。这时我们就开始通过学习和思考,来整合我们自己的身心。与此同时,一些不合适的部分逐渐离开你的身体,内心会出现一种空的感觉,这种感觉会让你在喜悦之余多少有些不安。最后,用你的爱、你的喜悦和宁静去迎接你将要到来的崭新部分。在那一刻,你将会重新创造自己!

在实现自我成长的过程中,尤其要注意一个重要事项:当自己的正面能量还较弱时,在与充满了负面能量的人在一起时应审慎一些,避免受到潜意识中那种如痴如醉地对闪耀的功名成就的轻率崇拜所产生的不良影响,以免干扰、妨碍自我成长。

二、树立正确的幸福观

(一)幸福的标准

幸福的标准是什么?我们周围的多数人在渴望受人尊敬、渴望在同辈中享有一定的名望与地位的强烈欲望的驱使下,都在追求财富、名望和地位,并视这些获得为幸福。一般人认为只要吃得健康、适当的运动、充足的睡眠、有一定的经济基础,就能很幸福。这些说法其实不一定成立。幸福与否,是由你的心来决定的,完全掌握在自己手中。当自我感到很幸福,就是幸福;自我感到很快乐,就是快乐。幸福也好,痛苦也好,没有标准可言,一切由你的心来决定。

人的幸福在于他的内心有没有酿造幸福的工厂,有没有对于"幸福"这个概念的准确的理解与把握,有没有获取幸福的智慧。就是说,作为人,他能不能认识幸福?知道什么才是幸福?如何获取这样的幸福?要是没有这种能力,亿万富翁也会彻夜难眠,要是有了这样的能力,乞丐也会唱着歌儿讨饭。从这个意义上讲,有了这种能力,就会幸福;相反,他就不会幸福。如果一个人觉得不幸福,你能说一个钱很多,或者官很大的人是个"成功人士"?(李跃儿,2008)

对于个人而言,对于事业和物质的追求是生存的基础,但是,如果我们不能将对物质的追求建立在精神的追求之上,那么我们极有可能追到的只是痛苦。追求幸福的正确态度是以超然的心态做事,而超然心态的形成是以树立正确价值观作为前提的。一个人如果找不到活着的价值,他就很难生活得幸福,也很难取得成功;即使成功了,那也只是别人眼里的成功而不是他内心的成功。许多人事业上的成功是以牺牲家庭幸福或者身体健康为代价而获得的。从这个意义上来说,获得的同时也有失去。所以说,成功和失败的概念事实上是人给它定义的,本不存在。了解了这一点,当面对人生的痛苦时,就会有承受力。遇到好的事情,不会过度开心;遇到不好的事情,也不会太过沮丧。当一个人对事情的看法不再两极化时,就能得到平衡的观点和心态。

(二)寻找幸福

人的欲望是无穷的,一旦被欲望所支配,就无法做自己的主人,只能永远在欲海中浮沉不定,找不到让心安定的港口。世界上有很多富有但却贫穷的人,原因是他们虽然拥有很多钱,但精神上却像乞丐一样,永不满足,永远在索求。身为现代社会的人,我们不能说完全没有欲望,但不要把经济列为第一,也不要将私爱看得太重要,而是要将组成人生的重要部分,摆在一个恰当的位置上,并且发挥其真正的价值。常言道,"无欲则刚"。对于财、色、名、利的追求,如果能加以节制,并用知足的心来对治,用感恩的心去面对生活中的人、事、物,感受亲人和朋友给你的爱和关怀,你的贪欲就会慢慢得到满足,你才能感到自在,人生才会是富足而幸福的。

做人并不容易。有的人物质上得到满足后,精神却开始觉得空虚。有些人好不容易经济状况好转了,健康却一天不如一天。有的人买了车以后,没过多久就要换辆新车;换了新车之后,又发现自己的新车不如人家的车有价值,所以又要换辆好车……人的欲望是无休无止的,如果不知足,就注定永远烦恼。没有知足的心,也就谈不上感恩,更谈不上宽容与利他。

当人生活在和谐之中的时候,往往没有感觉,不知道感恩,而遭遇不顺之时,却一定会去抱怨。人最可能、最容易产生感恩之心的时候,就是在摆脱长期所处的困境之初。所以说,感恩之心需要提醒,需要培养,需要人与自然、生命与生命之间的更多情感上的交流,需要通过一定的方法让它逐渐融入自己的心性之中。一年一度的西方感恩节,就是在提醒我们放慢、停下匆忙的脚步,给心灵片刻的自由,去感受生命中发生的一切。

出自内心的感恩是极其珍贵的!它能宽广我们的心量,能化解我们的烦恼,能使逆境成为顺缘,它能使我们的性情变得柔和,让我们难生嫉妒,使我们没有怨敌。

有人常说,人要过得幸福,就要"淡泊名利"一些。但是,"淡泊名利"的同时,应该看重什么?人生常处于各种选择之中,之所以选择,是因为看重;之所以放弃,是因为看轻。如果找不到名利之外应该或值得看重的东西,人又怎能淡泊名利呢?所以,相对于"淡泊名利"的提议,寻找人生的意义是首先要解决的问题。而最要紧的是找到方法有效摆脱无明麻木的状态,走向心灵的成长,获得心灵的解脱。这一过程本身就是在寻找人生的价值,就是在逐渐达到淡泊名利、持久幸福的境界。

心念一转,看世界的角度就会不一样,人生的境界就有差别。常言道:"一念天堂,一念地狱。"同样的事物,当环境有所改变,或者是同样一个景象,当我们的心产生不同的看法时,觉受就会发生变化。转念可以成就人生的幸福感,行动力则可以帮助你通往幸福的境界。

人生的情感、健康、经济、朋友、社会关系、家庭乃至于对世界的看法,是组成一生的基本条件。当现有的条件不变时,人要学习以善念和正念来面对这些人事物,这会吸引相同的正面的人事物来到你的身边。心念不同,幸福感就不同。唯有幸福感充满内心时,我们的行为才会有动力。在爱心和慈悲心的基础下,将心念转换成行动,周遭的一切都会发生变化,这种变化将引领你通往幸福、成功的人生。

幸福在哪里?幸福掌握在自己手里,改变自己的心念和行为,减少欲望,知足常乐,常用感恩的心来面对人生,品味返璞归真的简单生活,幸福自然会降临,因为它就在我们身边,就在我们的心里。

三、培养健康的情绪与良好的性格

情绪是身体对心智(或思维)的反应。健康的情绪与良好的性格是建立人与人、人与自我和谐关系的基础。情绪是生命之泉,好的情绪,让生命自在地流动,清澈健康;坏的情绪,阻塞生命泉源,积累成疾。

(一)不良情绪与性格的危害

不好的情绪和性格既能伤害自己,也能伤害他人。不好的情绪会消耗身体的能量,尤其是低落的情绪,不仅会让人疲劳,还会导致疾病。对于身体而言,忧虑、恐惧的意识虽然是想象中的危险、一个心理上的幻象,但身体依旧会做出反应,由此产生的负面能量滞留在体内,就会危害身体机能的和谐运作。中医认为,人们在生活环境中,不断受到情绪上的种种刺激,进而影响到体内脏腑活动的协调,形成病理变化,甚至产生疾病。同时,每一种情绪会对特定的某个系统造成比较明显或强烈的影响。

"怒伤肝",肝伤了脾气会更不好,更容易发怒。这样的生理变化,会让身体走入一个恶性循环,肝会因此越来越差,脾气也跟着越来越坏。"思伤脾",脾伤了人更容易思。脾受伤会使内分泌系统紊乱,导致神志不清、忧郁、甚至精神分裂。"忧悲伤肺",肺气虚弱的人总是特别容易掉眼泪。"喜伤心",就是喜悦过度。"惊恐伤肾",肾受伤时又作用于心脏。著名的美国整体健康倡导者露易丝·海更是将许多现代的疾病与人的情绪、性格和心理模式做了详细的对号入座。

情绪的本质就是一种能量运动在人身上的外在表现,有时会影响或干扰思想和理性,所以,有时候我们脑子里明明知道有很多事情必须要做,却难以去实行。这时,应先处理好自己的情绪,然后再去做理性思考,否则容易做出让自己后悔的选择、决定或事情。

情绪与身体之间的相互调节作用是一种正反馈作用,属于破坏性结构,很容易让大多数人掉入这个陷阱,产生各种疾病。当一个人陷入了情绪的恶性循环,就会逐渐形成一个人强烈的情绪特征,俗称习性。如果任其自由发展,将使情绪日益恶化,相应器官的问题也日益严重,最终可能成为不治之症。如果在陷入情绪的恶性循环时能及时醒悟,改正自己的习性,就有机会跳出恶性循环。

所以生病是对一个人的考验。生了病如果怨天尤人,情绪会越来越坏,自然掉入恶性循环的陷阱之中,最后可能难以自拔。我们应该相信疾病是自己创造的,生了病一定是自己的心智模式和行为中有某些问题,如果能自我反省、调整,改变自己的性格、脾气,去除了疾病的原因,自然有机会逃脱悲惨的命运。所以,没有良好的心性,就不容易建立良好的人际关系,也不会有好的健康,什么样的性格生什么样的病。

其实,情绪对于人的生存而言是必需的,它也有正面的作用。比如,恐惧让我们预知并避开危险;愤怒可以保护自己的界限不受侵犯。所以,不是说人应该没有脾气,没有性格。有性格,再适当把握情绪,可提高自己的魅力,人生会变得更精彩、更有影响力。

(二)培养健康情绪和良好性格的方法

(1)解决性格、情绪和精神问题,要从提高个人道德修养入手。

首先要学会感悟自然之道。地狱经常装扮成天堂,而天堂也时常装扮成地狱;恶魔时常扮演成天使,天使也经常扮演恶魔。在一个大的好事发生之前,它一定会影响你的情绪;在你要功成名就之前的那一段时间里,也许在承担着一种极度恐惧、极度悲伤的事情,这是自然规律。人生就如潮起潮落,起伏不定。当一个人陷入低谷、遭遇不幸时,往往预示着一个高潮即将到来。只要你能挺过这最困苦的一段时期。无论今天面对什么样的烦恼,你都要重新思考,这是不是一个真烦恼,它可能就是一个假象;它可能是天使扮演的恶魔的角色,呈现在你目前这个时空下而已;它可能就是天使给你送福分来了,而你错把它当作妖魔。当我们看透了这个自然规律之后,心胸就会变得宽大。

其次,要时常关照和帮助弱势、际遇不佳的人,以培养我们的善心、同情心和爱心。帮助他人可以让这个世界更美好,可以让自己获得更圆满的快乐。有人会觉得,只要自己快乐、富足就可以了,至于别人,不关我的事。自己好确实是一种快乐,但只是一种境界不高的快乐。只有当周围的人也都快乐了、富裕了,你的快乐才能更自在、更持久。帮助他人要讲究智慧,应分析和把握自己的善行所起的作用是授人以鱼,还是授人以渔?是雪中送炭,还是助长贪欲?因为善行不是为了强化小我的优越感,在本质上是不应该背离协助他人减少痛苦、提升意识层次这一根本宗旨的。

再次,就是要持戒,即避开不正确的行为,比如,不可以做坏事,不欺骗、不伤害别人。俗语说:莫因善小而不为,莫因恶小而为之。对于普通人来说,不伤害别人就是最好的持戒。孔子曰:"君子有三戒:少之时,血气未定,戒之在色;及其壮也,血气方刚,戒之在斗;及其老也,血气既衰,戒之在得。"这里要强调一点,聪明人、位居高位的人、名人、富人由于他们能力较强、影响力或示范性较大,尤其要注意持戒。

另外,要学会忍辱,平静地接受别人给的一切对待,接受逆境。忍辱不是被迫忍受,而是主动包容,即容得下耻辱。因为看似羞辱的事情很可能是一种提醒和点化,让我们能够有机会纠正错误的行为,趋吉避凶。此外,羞辱和嘲弄也是一股强大的力量,能磨炼我们的意志,让我们更精进。如果嘲笑、讽刺、挖苦我们的人是还不懂得"道"的普通人,那就更没有必要与他们计较了,他们反倒是急需我们去帮助成长的对象。

最后,要时常放松、安静下来,通过静坐,在悠扬静雅的冥想音律中,梳理烦乱的思绪,清净躁动的身心。人的心思、欲望总是太多,很难回归到真实平静的心灵原点。这时,负面能量不易离开,在它的干扰下,人本来该有的明辨是非的能力也就大大削弱了。思维运作太多之后就会疲劳;不理智的思维使人痛苦、烦恼。长期疲劳、烦恼就会导致机能退化,人过早衰老,甚至生病。静坐以静制动,可以切断心灵污染的外界能量来源,甚至产生清除负面能量的效果。清静有利于我们调节不良情绪、促进身心健康,甚至开智觉悟。可惜的是,现代人把这么重要的有利身心的古老方法给忽略了、遗忘了。

(2)要顺势而为,放松心情,避免逆势行事,过于执著。在现代社会主流教育理念下成长起来的我们,受到了太多的来自家长、老师和社会的强迫、压制、约束和限制,从学龄前开始到大学甚至研究生,始终被迫接受着别人的价值观和人生观。青少年在成长过程中,心灵缺乏养分的滋润,大多数人一直处于郁闷、压抑的状态,经脉不通,思绪不畅。一旦发现自己出现情志问题,应该及时寻找一些宣泄情绪的途径,将心中各种不舒适的感觉发泄出来。但是发泄时要注意场合,也要顾及别人的感受,适可而止,不能伤害他人。如果发现逆势、忍耐、强迫已经成为自己的一种生活常态,说明自己的生活大方向迷失了,应该尽快寻找突破口,调整自己的心态,以免为时太晚。

(3)利用标记或记录的方法寻找自己性格上的缺陷,随时提示和鼓励自己,也是非常有效的方法。平时可以把一些有关人生的金玉良言,以及对自己受用的话写下来,贴在经常能看到的地方,这样更容易帮助我们摆脱一时的情绪低潮。

四、个人与生态文明

(一)你就是世界

我们生活在这个世界上,它是真正属于我们自己的世界、我们的地球、我们赖以生存的环境。它是全人类的,对任何人都没有区别,没有界限,这是不容争辩的事实。可人类有了意念,就用诸如种族、地理、文化抑或经济的理由或借口,或者为了自身的安全,或者因为政治的虚荣,生生地把它割裂开来,这种割裂已经在人们平静的生活中投入一枚"炸弹",引发了动荡、混乱、战争。我们生活在这样的社会里,虽然形影相吊,但我们应该真心地关心社会的改变,因为我们可以改变这个社会。

社会的本质就是人际关系。在这种抽象的人际关系里,各种矛盾、怨恨纠缠其中。如果我们内心不存在残酷无情,我们完全有能力改变这种现状,协调自己在社会中的人际关系,熟悉自身周围的环境,了解和探究其运动规律。如果在你的人际关系中,你是被动的、以自我为中心的,那么你的周围不可避免地会出现具有同样破坏性的事物和具有相同杀伤力的东西。内在和外在的各种因素常会让我们的内心饱受折磨——因为某事你焦虑不安,你孤独寂寞,你具有争强好胜的个性,你想有所作为,想在社会上占有一席之地……这是整个人类普遍存在的心理,可以说社会上几乎每个人都在想着、做着同样的事情。依此类推,你就是全人类,代表着全社会。

如果我们能跳出个人的狭隘来观察世界,就会吃惊地发现,我们自己的意识和全人类的意识是相通的,是完全一样的;无论你我之间的外形存在多大的差异,我们的内心是相同的。在这样的意识之中,无论发生了什么,责任都在我们自己。也就是说,如果你粗暴无理,你就为人类的共同意识增添了粗暴无理,反之亦然。你可以为共同的意识带来全新的概念,你的责任会变得很重。因为你就是全人类,我就是这个世界,这个世界就是我,没有区别,没有界限。这是理性的,也是客观和健康的。它不是理智得出的结论,也不是凭空想象出的理想,它是真理,真实地存在于你的意识之中(克里希那穆提,2007)。

一旦我们明白人类生活在这个世界上,不仅要对自己负责,也要对全人类、对一切事物承担责任,那么,我们怎么将其转化为日常生活?如何采取客观的、健全的行动来应对,而不是盲目地跟风?你完全能够建立起另外一个生活氛围,以全新的生活方式生活,因为你足以影响全人类。也就是说,如果你真正发自内心地关注社会的改变,你就可能影响全人类的意识。如果你觉得这个世界比较黑暗,你就为它点燃一盏灯,不管灯光多么微弱,会有许许多多的人因看到这个光亮而欣喜,一灯可以点亮百灯,世界会从你这里亮起。佛经中说,"万法唯心造",每个人的心,都为自己创造出属于自己的世界。应该如何选择,一切都由你自己做主,因为只有你才是你自己的主宰。

(二)明白之后立刻行动

明白了这个道理之后,你不要去等待,从这一刻起,开始改变自我。只要去做,你就开始获得了,世界就开始改变了,因为你就是世界。明白了不做,时间长了会变成真糊涂人。如果做不到,就说明你的行动力存在问题,应该去寻找问题的根源。其实大多数人都属于这种人,所以多数人都是不成功、不杰出的人,无论从经济上、精神上、家庭上各方面都是凡俗的,原因就是只想不干。而少数成功的人就是敢想敢干,想好了就去做,这样才能够去成就更博大、更完善的思想和事业。

通常人的习惯性思维会想:这么高深的东西,这么伟大的一件事情,我现在能行吗?我是不是要等待以后时机成熟了,机缘来了,我再去做?——错了!其实,一个伟大的愿望对于一个人而言,可能穷其毕生的精力也无法完成,但尽管如此,如果你有了目标就应该去行动。如果只是想着:等有一天我达到很高的水平、有了很好的条件,等把这一切都想完美了之后再去做,可能机会已经不再了,可能你已经老了。如果这样想,你永远都不可能成功,永远都不可能实现自己的愿望。所以,做自己知道应该去做的事,那就是最佳选择,就是一件人生最大的事,最快乐的事,你就不会后悔!如果你非要等到让整个世界证明它是对的时候,你再去行动,为时晚矣!

在大道理面前不可以过于追求那些太细致的东西。如果把从鸡蛋里挑骨头这种太细致的事情与"大道"相提并论,那一定会出问题。即使你理解不了这个细致的道理,只要你知道大道是光明的,只要你沿着大道往前走就没有问题!

(三)从每一件小事做起

你要想成为一个心胸博大、对世界有贡献的人,一个拥有辉煌灿烂人生的人,一个因为个人的努力而使你的周围走向和谐的人,有一个入手之处,也是一个最基本的条件,那就是对思想观念进行调整之后,就要从每一件小事做起。

作为个人,不需要冠冕堂皇地宣扬或标榜自己"如何为建立生态文明和谐社会贡献力量",我们需要做的是用点点滴滴的行为取代口号。其实,退一步说,如果能够改变自己的不良生活习惯,培养良好的性格,生活简单一些,对自己多一些关爱,即足矣!有关生活起居、饮食穿衣等琐事实际上对保护环境、节约资源、建立和谐社会具有巨大而深远的影响。健康饮食利于维护粮食安全,减少污染,节约水和能源;早睡减少了夜生活,降低了消费,利于节约电能;居民健康水平提高,患病者大幅度减少,缩减政府的医疗开支;健康的身体如果再加上内心的平静与和谐,以及由此形成或改善的良好心性和性格,利于改善人与人之间的关系,减少社会的矛盾、冲突和内耗,促使人与人之间变得更加和睦、友好。所以这种对自己的身体和心灵的调整行为如果能够持续下去,你就会培养一种新的生命状态,社会也会变得更加美好,人间也会成为天堂。

最后要强调的是,身体是本钱,是用来完成人生使命的载体,是我们应该保护、保养的珍品。我们身体的状况直接影响到我们将来的事业可以做多大,好的身体是事业成功的基础。对于一个胸怀大志的人来说,想做一番伟大的事业是需要点点滴滴积累的,很少有那种通过短期的奋斗、过度的消耗一蹴而就的情况。所以,对于自己的人生理想与目标,在保持志气的同时,也要有一颗平和之心、平常之心,只有这样,才真有可能做到锲而不舍、持之以恒。不要认为,一个人为了所谓的某些重要的事情不惜牺牲自己的健康,甚至生命,就一定很伟大。例如,殉情,虽说是被情绪完全掌控,为爱而牺牲,可以表明他/她很重感情,但那却是对私爱的强烈执著,是为了个人的私爱而放弃了对自我和亲人的爱。所以说,对于付出生命代价而言,伟大的情况是极个别的(如利生事业),不适用于大多数的人和大多数的事情,也不是人们应该追求的一种生活常态。如果因为一些无关紧要的事情而摧残自己的身体,或者为了追求一些所谓的"时尚"而违背生活之道和生存之道,或者太轻率地随心所欲、崇尚过于物质化的生活价值观,那常常会得不偿失。因为这会让你在不知不觉中背离了自然、走上一条毁灭之路。人们在生活中常常遇到不顺或困境的根本原因主要有两个:一是德不配位,二是背道而驰。我们应该清醒地认识到,现代人最需要的是社会的宽容与教育者的关爱,以及提供给他们的认识自我的机会和走向成长的条件。

建设生态文明,"人"是根本,"从我做起"是根本,"从每一件小事做起"是根本。

第三节 生态文明教育

生态文明教育应立足于解决三个方面的问题,即人与自然和谐、人与人和谐、人与自我和谐。上述目标可通过转变急功近利的教育理念、环境道德教育(爱自然、爱他人)、健康与养生教育(爱自己)、早期教育(爱孩子和爱的培养)为突破口来实现,其核心原则应该是博爱。

一、教育现状及理想教育实例

(一)中国教育现状

就社会生态系统而言,其稳定性取决于其复杂性,而复杂性的维持依赖于构成要素和单元的多样性。如果人也像自然界中的生物一样,所有的个性、特长和创造性都能够得以最大程度的发展和发挥,那就一定会在宏观上促进社会系统整体的稳定和繁荣。

反观当代的教育模式,尤其是中国的主流教育,考试第一、知识第一的思想已经在人们心目中根深蒂固。不论大学、中学,还是小学生的日常学习和生活几乎都是围绕着考试、竞赛、考证、考级等。而实际上,标准化考试无法测量主动性、创造力、想象力、概念思维、好奇心、努力程度、判断力、忠诚、精细辨别力、好的意愿、道德思考等许多有价值的品质(Ayers,1993)。这种功利化的应试教育把智力的培养和头脑的训练放在了极其重要的位置上,而忽视了情感、意志的培养和人格的塑造,限制了人的个性化发展。在这种教育模式下培养出来的人具有明显的发展不均衡特征。虽然在表面上看,各种专业学科的人才多样性很高,知识很丰富,但换一个角度看,这些所谓的人才所具有的最普遍的特征就是:智力水平高,实践技能低,情感脆弱,急功近利,创造性、责任心和道德感缺乏。一些学生越来越不会独立思考,怀疑、批判、分析和实证之科学精神也越来越淡漠了。而且关键在于，由于教育多元化的发展严重不足，受教育者很难有更多的选择机会，被塑造成具有上述特征的人的结果往往是不可避免的。

教育应立足于对人的本质的深入理解之上，且有利于人的精神发展和社会进步，这是教育的根本。而当代教育最严重的问题是丢掉了根本。中国当代教育家孙云晓说："学业竞争激烈的时代往往是教育荒废的时代，反教育的实质是反人性。"①在中国支教的德国人卢安克在2009年接受中国中央电视台"面对面"节目主持人柴静采访时谈到了对中国教育的印象："教育，只是为了满足一种被社会承认的标准，不是为了孩子。孩子们在满足这个标准的过程中，脱离了他们的天性，脱离了他们的生活……"中国科学院院士、南方科技大学首任校长朱清时谈到目前流行的"重点小学"、"重点中学"等现象时说："分这些学校，其实是教育资源的倾斜。每个孩子都有自己的长处，单凭考试成绩，你怎么知道他优秀不优秀？分重点学校、重点班本质就是把人淘汰出优质教育体系中，不合理。"②虽然现在有部分高校有破格招收特长生、偏科生的政策，但实际上，绝大部分学生的特长、偏才已被现代教育模式给压制下去了，只有极个别的个性极强、能量极大的学生才能坚持走自己的路、发展自己的特长，直到最终被认可。然而他们付出的代价是巨大的，内心深处通常留下巨大的心理伤痕。

教育应该意味着打开那扇觉知之门，是我们通往人生的巨大活动。理想的教育应该关注人的个体的发展，帮助人们学习如何活得快乐、自由、无嗔恨、无混乱，有利于培养出"和而不同"的君子，因为健康、和谐的个体是成就和谐社会文明发展的先决条件。然而现代教育却使人们愈来愈盲目，愈来愈懂得彼此竞争。克里希那穆提说，正确的教育是找出截然不同的生活之道，使我们的心从局限中解放③。教育如果只是培养学生的认知能力和信息获取能力，那就远不足以帮助学生做好面对未来的准备。学生需要能够进行有想象力的思考，通过这种思考敏锐地看清现实，深刻地理解相关处境，然后构想出全新的方案来解决看似不可能解决的问题。他们还需要情感投入的能力，既保持敏感，又富有韧性，这样他们才能顽强承受未来不可避免的情感风暴，同时又能够敏锐地透过表象看到实质，通过已知的判断未知的。此外，学生还需要有坚定的决心，这样他们才能够执著追求希望和梦想，并把它们变为现实。思考能力、感觉能力

---

① 孙云晓.教育的核心永远是人的发展——孙云晓教育感悟[J].少年儿童研究，2012，23：19-21.
② 朱清时.自授文凭是中国高等教育的方向[N].武汉晚报，2012-06-06，第15版.
③ 〔印度〕克里希那穆提.心的对话[M].胡因梦译.深圳：深圳报业集团出版社，2007.

和意志力,是应对不确定未来的最有效的能力。①

教育观念和教育制度的转变、教育形式的多样化是社会经济和文化发展的必然结果,是国家教育进步的标志,也是建立生态文明和谐社会的基本要求。让教育回归到"以人为本"的科学发展观上来是当务之急。在教育领域,美国、英国、法国、日本等发达国家已经走在了世界的前列。全世界的教育应当向芬兰学习。国际经合组织(OECD)对41个国家教育水平抽查,在阅读、逻辑、数学与自然科学能力等方面芬兰均连续6次夺冠。在芬兰,从小学到中学12年间基本不考试,下午2点就放学,寒暑假无作业,教师工资高出公务员的一倍。在中国,尽管社会教育观的功利化思潮严重阻碍着教育品质的提升,但是在私立学校中也有先行者,其入学条件为:小学——着眼于未来素质发展,具国际视野和长远眼光;初中——敢于摒弃应试教育;高中——敢于放弃国内高考。给学生好的教育,就是给他们好的人生,就是在加速生态文明社会的建设进程。

(二)理想教育的实例——芬兰的教育不相信考试

1. 原状

20世纪70年代以前,芬兰学校还称不上是教育的典范。当时它和许多国家一样,学生10岁时,就按考试成绩分班,一种是普通班,一种是职业教育班,分班决定了学童的未来。

芬兰教育当时有等级,从4至10级,4级是不及格,10级是最高分。小学生用等级互相比对,立刻知道自己不及人,或者比人强。班级里按学生的能力分出不同的组别,大家互相比较,因为每个人的能力和表现都不同。芬兰人认为这是不好的,就如不能像考大象、企鹅和猴子爬树的技巧那样,它们的能力各异,用标准化的爬树考试来衡量它们的能力是很荒谬的。所以,芬兰决定废除等级,让教师和学生从此不再以分数来划分等级。很快地教师觉得这样做很好,这就改变了学习的气氛,他们互相合作,加强了凝聚力。

2. 坚决改革:废除校内外统一考试

为了在瞬息万变的世界经济体系中立足,芬兰彻底检讨了教育制度,废除了等级,也废除了标准化的校内和校外统一考试。

芬兰法律规定,学生在六年级之前,都不能以等级或分数来评断他们,而是要求用文字描述,详细说明。因为每个孩子各有所长,教师只有通过种种活动来了解学生,发掘他们的潜力。

---

① 〔美〕杰克·帕特拉什.稻草人的头、铁皮人的心、狮子的勇气:一种帮助孩子全面发展的教育[M].卢泰之译.深圳:深圳报业集团出版社,2011.

教育不相信考试,不相信经常有校外统一考试是好的。学生读书12年,唯一的考试是在十八九岁、进大学前的高考。没有考试的学习生涯让教师和学生有更多时间学习他们爱学、想学的东西。老师绝不因为考试而教课,学生也绝不因为考试而学习,芬兰的学校就是一个百分百快乐学习的场所。

3. 教育理念

1)合作比竞争更重要

在一个没有比较,没有竞争,没有考试的环境里,学生缺乏了推动力,怎么办?

学生进大学前,是有入学考试的,竞争很激烈。其原则是尽量延缓,不要太早给学生竞争。芬兰教育制度的优点,就是把合作而非竞争的精神植入其内。灌输"合作比竞争更重要"的精神。尤其在学前、中小学,更要营造一个没有竞争的氛围。虽然没有统一考试,但在学校、在课室,有各种各样的能力评估方法。

芬兰人认为,不要害怕学生毕业离开学校时会对充满竞争的现实社会感到恐慌无助。他们相信俄罗斯一位心理学家说的话:"学生今天学会合作,明天就有竞争能力。"他们相信只要学校教会学生如何合作共享,他日学生就有办法竞争。

2)从合作中学习竞争

为什么懂得合作就懂得竞争呢?

芬兰人认为,竞争首先要"知己知彼",认识自己,再认识对方。认识自己,对自己有信心;认识对方,了解对方的优劣,通常都是在和人合作的过程中学到,并在合作的过程中互比高下,这样就发展出竞争的能力。世界是充满竞争的,但适应这个竞争世界,不应该从竞争里学习竞争,而是从合作中学习竞争。

一个人的创新能力,正是在高度竞争的社会中求存的素质。这个能力从开动自己的想象力、具备开放的冒险精神而来。这个素质,必须在一个和人温情合作、有利于滋养心灵的环境中培养起来,而不是在一个残酷的竞争环境里培养出来。太竞争的环境,人们为了保持自己的最佳状态,都不愿分享,也不愿冒险,如何能有创新力?这正是教会学生互相学习、互相分享的意义所在。

4. 国家支持:无论谁当政,芬兰人的教育理念都不变

芬兰教育的成功和芬兰人在20世纪70年代创造了一个正确的美梦有关。无论谁当政,这个梦都不会改变。过去40年,芬兰幸运的是有着持续性的教育发展,不受政府更迭影响。芬兰的教育理想,自40年前建立后,就像一个共同追求的美梦,大家都有了共识,不论什么政党上台,都不会改变它。

芬兰人的美梦就是要给每个孩子一个好的公立学校学额,就像美国前总统肯尼迪的美梦是要美国人踏上月球那样,芬兰要给每个学生平等受教育的机会,从学前教育到终生教育都有平等机会。芬兰没有私立学校,只有自主学校,

这些自主学校也是政府公费支付的。芬兰人认为美梦必须正确是很重要的,不是很多国家能够做到这点。芬兰的美梦有启发性,能激动人心,又极为清晰。

5. 取得的成绩

这个"平等"的理念,经过 30 年,已经在芬兰各方面落实,能力最强与最弱学生之间的差异在经济合作发展组织(OECD)国家或经济体中最低,学生家长的社会经济地位对学生表现的影响最小,学校与学校之间的差异也是最小的。芬兰的学校在学生 10 岁之前没有淘汰机制,所有学生都享有平等的教育机会。在不到 500 万人口的芬兰,九年中小学基础教育的学校超过 3500 所,几乎是新加坡的 10 倍(新加坡人口 300 万左右)。

芬兰这个学生假期多、上课时数少、没有补习、没有排名次、没有考试、没有压力的北欧小国,过去 10 年(2001～2011)在经济合作发展组织(OECD)每 3 年举办一次的"国际学生评估"(Programme for International Student Assessment,简称 PISA)中,数学、自然科学、阅读、逻辑的能力一直名列前茅。芬兰能在 PISA 独占鳌头(已连续 6 次夺冠),连芬兰人自己也感到意外。因为他们从不强调排名,教师只尽心把每个学生教好。各国教育界人士纷纷到芬兰学习"取经"。

6. 教师的选拔与管理

教育的关键在于师资水平。芬兰之所以有世界一流的教育,因为有世界一流的师资水平。

为了实现为每个孩子提供最好的平等教育,芬兰教育部致力聘请有奉献精神、有强烈专业道德的好老师,并给予最好的培训,确保他们把学生教好。芬兰对教师的学历要求很高。教育法规定,所有学前教育、义务教育、高等教育、成人教育的教师,都必须具备硕士以上学历,并通过教师资格考试,才能申请成为老师。以 2011 年为例,1 258 名大学毕业生申请当小学教师,最终 123 人胜出,比例为 9.8%。他们还要经过 5 年的严格培训,获得硕士学位后方可获得教师资格。为了鼓励创新,教师可以自选甚至自编教材。

芬兰学校不考核教师,也没有教师评鉴报告。芬兰教育部官员认为,如果一个社会体制对自己教师的最基本信任都没有的话,那还谈什么教育呢?

芬兰和新加坡都很重视教师。他们都明白除非学校有好老师,除非他们不断为教师提供专业培训和支援,除非社会重视教师的价值,否则教育改革是不会成功的。很多国家从行政方面来改革教育,甚至参考商界、企业界,把学校的运作变成公司般的运作,给予奖赏、惩罚等等,这种做法其实并不正确。

一个从来不要师生抢第一、争第一的国家,突然间成绩被国际评为第一的时候,芬兰教育与文化部官员萨尔博格认为:"这绝对不是我们改革教育的目标。我们让学生轻松学习,快乐学习,制造'创新、创意'出现的空间。我们要成为最有创意的国家。我们不要靠学术科目的成绩取胜,我们要靠创新能力取胜。"①

二、环境教育与生态教育

人类当前面临的环境危机正在威胁着世界文明的进程。而解决问题的关键在于人们环境整体意识的普及和提高,特别是环境道德意识的普及和道德修养水平的提高。环境道德涉及人们的世界观、价值观和人生观,是不能自发形成的,因为它抑制了人们物欲的膨胀。因此,环境道德就成为要依靠人们提高自我修养,并由内在信念力量支撑的一种自律性的善念和善行。因此环境道德便具有一种鲜明的后天获得性特征,需要依赖人类群体外在的文化传承和社会教育功能的实施才能实现。

(一)环境教育的目的和意义

据《中国大百科全书》解释,环境教育的含义,即借助教育手段,使人们认识环境,了解环境问题,获得防治环境问题的知识与技能,在人与环境关系问题上树立正确的观点和态度,以通过社会共同的努力来保护环境。国际自然及自然资源保护同盟(IUCN)认为,环境教育是人们为了解和认识人类、文化与环境的相互关系而必须接受的技能和认识方面的教育。环境教育是一个认识环境价值和澄清人类与环境关系概念的过程,它必须贯穿于人们制定环境政策和形成环境行为准则的过程之中。

1977年在第比利斯召开的政府间环境教育会议宣言提出:环境教育是利用科技新发现而开展的教育,在促进人们认识并更好地理解环境问题方面应发挥主要作用。教育必须培养人们对待环境和利用国家资源方面的正确态度。环境教育应面向各个层次的所有年龄的人,并应包括正规教育和非正规教育。环境教育应是一种全面的终身教育,能够对这瞬息万变的世界中出现的各种变化作出反应。环境教育应该促进人们理解当今世界的主要问题,使他们获得必要的技能和品德,为改善生活发挥积极作用,在充分尊重道德价值观念的基础上保护好环境,为生活做好准备。环境教育应在广泛的跨学科的基础上,采取一种整体性的观念和全面性的观点,认识到自然环境和人工环境是深深地相互依赖的。环境教育有助于揭示今天的行为与未来的结果之间有着必然性的联系。

---

① Sahlberg P. Finnish Lessons: What Can the World Learn from Educational Change in Finland? [M]. New York: Teachers' College Press, 2012.

它证明各国共同体之间相互依存,因此全人类应紧密团结。环境教育必须面向社会。它应促使个人在特定的现实环境中积极参与问题解决的过程,鼓励主动精神、责任感和为建设更美好的明天而奋斗(邝福光,2006)。

(二)环境教育的构成

1. 环境与生态基础教育

环球教育的目的主要是培养受教育者树立正确的环境意识,使人们对环境系统的有机性、整体性、运动的不可逆性、与人类的统一性有一个正确的认识;了解人类当前所面临的环境问题产生的根源,正是在于人类自身的行为违反了自然规律;警醒人们必须立刻行动起来,在全球范围内共同为挽救人类的命运而努力。其受教育对象应包括所有社会成员。教育形式应灵活多样。除学校内的正规教学和讲座之外,还应包括依赖于各种传媒手段的社会性的宣传和教育。

2. 环境污染防治工程技术教育

这是一种专业性的科学技术教育,是旨在使人们如何防止污染产生和对已产生污染进行治理的应用技术教育。受教育对象主要是与环境污染防治有关的专业人员、企业主、生产和运销策划人员与管理人员等。这类教育主要在学校有关专业中进行。

3. 环境政策与法规教育

法律的制定往往只是由代表社会整体利益的少数人进行的,对大多数人来说,法律却具有一种外在的他律性特征,有时甚至和个人利益发生冲突。所以,环境政策与法规教育的目的,是为了提高人们的环境法规意识和守法意识,进而保障环境法律、法令的顺利实施。这种教育在中国当前尤其显得更为迫切和艰巨。因为中国几千年来基本上是一个以人治为主的国家,人们传统的法制观念比较淡薄,更何况环境法。环境保护的政策法规教育的对象,应该包括全体公民,不允许有法外公民。教育方式应该以媒体宣传为主。在环境专业教育中应包括环境法制与管理内容,在法律专业教育中应增设环境法学内容。

4. 环境道德教育

环境道德教育涉及人的人生观、价值观和道德观的问题,因此是环境教育的根本或最高层次,是实现其他环境教育的根本措施和保证。它是通过教育手段,提高全民环境道德意识、思想观念、情感和意志,自觉应用环境道德规范约束自己的行为,善待环境,能动地协调人与环境的关系,实现环境保护目的,使人类和环境同时获得可持续发展的教育。环境道德教育的对象应包括地球上的所有公民。因为只有全人类的环境道德觉悟和水平提高,才能逐步改善当前满目疮痍的地球环境,使人类与环境能够朝着和谐共生的方向发展。

(三)环境道德教育

1. 环境道德教育的内涵和意义

环境道德教育是塑造人的关于环境道德的精神品格的根本性教育。它是根据环境道德原则和环境道德规范,有组织、有计划地向社会成员施加影响,把环境价值准则灌输或诱导进社会成员内心,使之转化成为个人内在道德的一种教育行为。其教育目的是使受教育者最终建立起正确的人生观、价值观和世界观,在生产和生活实践中尊重自然和保护环境,自觉协调人与自然的关系,实现人与自然协同共生的目的。

环境道德教育是一种长期性的终身教育。一个人的环境道德观念的养成和确立,要终身受外在的社会教育和内在的自我教育才能实现。因为环境道德教育的终极目的是要克服和抑制个人对环境物质利益的贪欲,为了个人及他人的生存利益善待自然与社会。物质利益是无处不在的,所以抑制需求便贯彻在人一生的始终,具有了长期性特征。

2. 环境道德教育现状

环境道德教育由于历时尚短,还未受到人们的普遍重视,甚至在学术界,也还未形成普遍的共识。大量有关环境问题的研究,甚至政府法令,都只把视角聚焦在环境保护的具体措施上,没有把塑造人们的环境道德作为防治环境污染、实现环境保护的根本措施去认识和加以贯彻。在媒体的宣传上,虽然有一些环境道德的提倡,但力度也不够,知识也不全面。

在各类学校,专门的环境道德教育几乎没有,只是在相关课程中,有时会提到一些环境道德观念;比较系统的环境道德教材十分欠缺,各界无法进行完整的环境道德教育;学校师资也很匮乏,对师资的培养还没有提到日程上来。整个社会尚未将环境道德教育作为基础教育中提高未来公民素质的重要措施来实施,未能真正认识到环境教育广泛而深刻的德育内涵。值得一提的是,贵阳市于2008年率先在中小学开设了生态文明课程,并编写了《贵阳市生态文明城市建设读本》小学版、初中版和高中版地方教材,为中国在中小学普及生态文明教育起到了很好的示范作用。

目前,大学生对与日常生活相关的环境问题认识水平比较高,但对生态方面的环境问题因缺乏生态学基础而认识不足。大学生对生态文明的了解更少,多数学生对生态文明的了解也只是局限于生态和环保方面,并且许多学生认为生态文明意识离自己很远,与己无关,是国家决策者的事情等。总之,当前大学生缺乏对造成环境危机的社会、经济、政治、文化等深层根源的认识,普遍存在消极从众心理,自觉遵守生态道德的主动性不强。大学生环境道德意识淡薄的原因是多方面的,既有历史文化及制度等社会原因的制约,也有学校教育的缺失和家庭的影响。

受大环境的影响,家庭的环境道德教育严重滞后。有些家庭还常常具有消极作用,家长的一言一行影响着子女,孩子的言行受家长左右。如果父母做的与学校所教育的不一样,反过来就会削弱学校环境道德教育的效果。

环境道德教育的这种现状导致的结果是:公众环境道德总体水平较低。虽然近年来随着环境危机的日益严重,公众对环境保护的意义、环境污染的危害性有了一定程度的认识,也掌握了一些环保科学知识,了解了一些基本的环境道德规范,但还远不如人意,没有将环境道德上升到真正的道德范畴。环境道德教育在历史上发展滞后还有一个重要原因,是因为环境道德规范是以抑制个人超出其基本生存需求的物质欲望为主要特征的,因此不易被社会主流人士接受和青睐,便成了历史的必然。

3. 环境道德教育的途径

环境道德教育的途径应包括学校、家庭和社会教育。家庭教育是起点;学校教育是主体工程;社会教育为前二者的教育提供平台。三者结合便可形成一种巨大的力量。

学校应将环境道德教育纳入学校教育体系,开设相关的必修课或选修课,并将其作为学生思想道修养课的重要内容,以提高学生的环境意识和环境道德意识。这是生态文明教育体系中的一个基础性的长期任务。

在社会教育中,应形成多层次、多形式、全方位的社会宣传教育格局。首先要提高各级领导干部的认识,强化他们对环境道德的重视。各级领导层是党的方针政策、法律法规、社会经济重大事项的决策者,在环境道德建设中起着决策作用。领导者的环保意识和环境道德水平直接影响到整个社会和广大民众。因此,强化领导者的环境道德教育意识是我们的首要任务。应利用党校和行政学院等各种领导干部培训班开设环境道德教育讲座,提高领导者的环保意识和环境道德水平,进而激发领导者带头做好环境保护工作的积极性。同时,也要在群众中进行环境保护、环境科学和环境道德的普及宣传教育,使环境道德教育成为全体公众的必修课,让全社会都重视和行动起来,共同爱护环境、保护环境。充分利用环保部门和宣传媒体普及生态、环境科学知识。环保部门以公开环境情况的数据、案例等,引起社会对环境问题的广泛关注,以科普讲座、板报宣传、影像教育等方式进行舆论宣传,加强环境道德的宣传教育,深化全社会环境道德意识。

家庭教育在一个人的终身教育中处于起点位置,是教育的基础。在对人的教育中,家庭教育占有举足轻重的地位。家庭教育是家庭承担社会责任中最重要的一项内容,它应包括环境道德教育,引导孩子从小做起,从点滴做起,热爱自然界的一草一木,爱护环境,珍爱生命,培养孩子对自然的情感,自觉遵守行为规范,培养良好的环境道德素养。在家庭生活中,每一位家庭成员的思想状况、言行举止都会在彼此之间形成潜移默化的影响,家长的示范意义是巨大的。因此,家长应该做子女的榜样。

(四)从环境教育到生态教育

对于工业文明社会而言,环境教育是新事物。它的提出是为了解决工业文明社会所带来的问题,即环境污染、生态破坏和资源短缺的问题。但是,如果我们仍然按照工业文明模式,用工业文明的思维,采用工业文明的途径来对待这样全新的事物,那么我们的努力或者收获甚微,或者是难以解决问题的。因此,我们需要超越工业文明模式,用生态文明的观念对待"环境教育"这种全新的事物,推动整个教育发展模式向生态化转变,迎来教育事业的新时代。

例如,20世纪80年代,西方国家一个接一个地创办"绿色大学",形成"绿色大学"的第一个高潮。它以环境保护为目标,开设的主要课程有生态学和环境科学,以及废弃物净化处理,污水、废气和固体垃圾的处理、处置和利用等应用科学。它们除开设这些基础学科和后处理专业课程外,还设置各种后处理专业和后处理学位。这是环境科学性质的大学,它为环境保护培养各方面的人才。

随着人类环境思想从浅层向深层发展,特别是环境伦理学自然价值理论的确立,"绿色大学"的发展形成环境教育的又一个高潮:它不仅在环境科学的专门院校或环境科学系、环境保护专业,而且在一般大学提出进行"绿色教育",创办"绿色大学"。在现代教育模式中,我们办大学的目的是为人和政治进步服务,为经济和社会发展服务。它所关注的主要是提高人的素质,人的全面发展,为社会稳定和全面进步服务,为实现经济快速成长和社会进步等目标培养高素质的人才。这是现实需要,是完全正确的。

从生态文明建设的角度,在上述教育模式中,教育的发展只有社会和经济目标,这是必要的;但是没有提出尊重自然和保护环境的生态目标,这又是不全面的。因为工业文明的社会,只有人有价值,生命和自然界本身没有价值,它只是人类征服和利用的对象。在这里,人才培养是为了掌握科学技术,实现人的价值,以便从加速开发利用自然资源中获取最大的经济利益。这当然不错,但又是不够的。建设生态文明,随着人的世界观和价值观转变,社会的生产方式和生活方式转变,必然要求大学教育模式的转变。这不仅是环境教育的一个新方向,而且将推动大学发展模式的转变。

所有大学的培养目标,不仅应有经济和社会目标,而且应该有环境和生态目标,都需要学一点生态学,对自己的工作进行生态设计。例如汽车制造专业,它被认为是专门的科学技术,以往,学校对汽车制造专业的教学与学生的毕业论文和毕业设计的要求,主要是社会和经济的要求,也就是说要求他们教学、他们设计的汽车要跑得快,操作简便,安全、美观和舒适,经济实惠。这里只有经济和社会的目标是不够的,还要有减少污染排放和节约能源的目标。实际上,不仅汽车制造专业应该把生态思维整合进去,其他所有的专业,不论是自然科学的专业、技术科学的专业,还是社会科学的专业都应该这样,进行整个教育系统全方位的生态转向(余谋昌,2010)。

将生态学思想、理念、原理、原则与方法融入现代全民性教育,是人类为了实现可持续发展和创建生态文明和谐社会的需要。从环境教育到生态教育是大势所趋。生态教育是以生态学为依据,传播生态知识和生态文化、提高人们的生态意识及生态素养、塑造生态文明的教育。随着人类对环境危机的广泛体认,人们越来越清醒地意识到,生态问题的背后所隐藏的是人的价值取向问题。生态教育不仅仅要使人们获得对生态系统科学知识的认知,而且更是要引导和帮助人们树立正确的生态价值观和塑造美好的生态情感。因为只有从情感上热爱自然,才能发自内心地自觉爱护环境,维护生态平衡,才能重新建立人与自然的和谐共生关系。

三、早期教育

(一)早期教育的意义

在功利式教育模式下,长期的约束和管制在个体中留下了诸多不和谐的隐患,带着这种不和谐的心理,这些个体在走上社会以后不利于人与人之间和谐关系的建立与维持,会增加人与人之间的矛盾和恶性竞争。现代心理学的重要成果之一,就是揭示了成人精神不和谐的主要成因来自童年。西方早期教育和心理学研究成果认为,早期教育(尤其是0~6岁)影响孩子的一生。孩子在这一时期最为关键的是身体发育和精神成长。孩子年龄越小,他受到的教育对他发展的影响越大。如果一个人长到18岁时身心发展达到100%的话,那么3岁时,他将发展50%,4~6岁发展20%,7~12岁发展15%,12~18岁发展5%。而且,12岁时智力不再向前发展。12岁以后,就只能增长知识和技能了。可见,0~6岁的教育至关重要。

早期教育如果不成功,就不可能培养出一个身心健康和谐的人。由于一个人自我身心的和谐又是实现人与人和谐、人与自然和谐的基础,如果一个社会、一个国家非常缺乏人与自我和谐的人,生态文明社会的建设就失去了根本,就成了纸上谈兵、空中楼阁,就成了难以实现的、纯粹的理想!

早期教育的另一个意义,是协助家长发现自身的不足,促进身为成人的父母与孩子一同进步和成长,因为孩子是可以照见家长本来面目的镜子。所以,早期教育本身暗含着对成人(即家长)的教育,而对家长的教育的核心内容并不是针对"教育方法"的教育,而是"爱"的教育,也就是教育家长从爱自己的孩子开始,培养和扩展"爱"的情感。这是对成人进行博爱教育的基础。人在成年后,通过养育后代而获得再次成长的最佳机遇,因此,这也是生态文明建设中解决社会道德危机的有效途径之一。

(二)早期教育现状

1. 社会对早期教育的重视程度亟待提高

根据《中国教育经费统计年鉴(2008—2010)》,多年来,中国政府用于早期教育的投入不到全国教育经费的1.5%,对0~3岁儿童的早期教育没有任何投入,在《国家中长期教育改革和发展规划纲要(2010—2020年)》中,最早涉及学前三年教育,因此,这方面的工作基本上由家庭来完成。而家长一般有三种类型:第一种是既懂早教,又有责任心,这种家长的孩子经过精养,将来特别容易成功,但为数很少;第二种是既不懂早教,又没有责任心,这种家长的孩子基本上是放养,其中也有成功的可能;第三种家长介于上述二类之间,不懂早教却自以为懂,而且很有责任心,孩子被训养长大,大部分失败的孩子差不多都是由这类家长制造出来的。

而幼儿园早教模式主要也有三类:第一类是以开发智力为重点的传统"管理"模式的早期教育,压抑儿童的自由发展,目前绝大多数幼儿园教育都属于此类;第二类是给儿童爱、让儿童感觉到快乐、不限制其自由发展的"完全自由"模式,但对儿童的成长缺乏必要的、正确的引导,属于这类的幼儿园目前还很少;第三类是理解儿童,注重儿童身体、心灵、精神全面自然和谐发展的现代"爱和自由"模式的早期教育,目前这是早期教育最难达到的一个层次,遵循这类模式的幼儿园还极其少见。

据中国教育统计年鉴报道,2006年全国3~6岁儿童的平均入园率(包括学前班)只有42.5%(2009年增加到50.9%),大大低于发达国家的79%。全国有3000万的0~6岁儿童几乎没有任何机会接触正规的早期教育,而且城乡差距巨大。父母进城打工后,留守在祖父母或其他亲属身边的年幼儿童、残疾儿童等受到的负面影响最大。

2. 家长在早期教育的观念、方法、态度上存在的主要问题现代的父母由于同时受到现代物质主义的负面影响和传统观念的牵制，一方面承受着来自工作的巨大压力，另一方面又得顾及传统的家庭生活，常常显得力不从心，充满矛盾与冲突，加之受社会大众和媒体的不良影响，在早教问题上不知不觉地走上了歧途。这是当代早期教育失败的关键。家长存在的主要问题可概括为以下6个方面。

(1)家长的早期教育经验十分落后，而且自己往往意识不到，或者不愿虚心学习，尤其是事业有成者。

在这个世界上，最复杂又最重要的事情莫过于为人父母。父母是孩子的第一个也是最重要的老师。开发孩子的智力、培养孩子良好的精神品格离不开父母正确的教育意识和教育方法。所以，提高自己的认识，学习科学的方法，及时正确地开发孩子的智力潜能，培养孩子的精神品格，是每个父母不可推卸的责任和使命。然而不幸的是，现在的父母很少甚至根本没有在教育孩子方面得到过专门训练。先训练父母，后训练孩子，这是把孩子引入正道的唯一途径。

(2)教育观念模糊不清，主次不分，不该管的管得太多(如生活自理、自立能力)，教得太多，该管的反而不管(如情绪、感觉、心理、精神)，或不知道应该怎样管。

现在的孩子大多数是独生子女，加之许多家庭经济条件的好转，家长们潜意识中为了弥补自己童年时的遗憾，而对自己的孩子过分地、包办代替式地照顾，结果使孩子各方面能力的发展受到限制，甚至成为软弱无能之辈。家长们的这种不成熟、不理智的状态，也是教育失败的一个真实写照。

(3)教育态度存在问题：对孩子缺少尊重，家长作风太重，管理粗暴，甚至不讲道理。

古训讲，棍棒底下出孝子。的确，有一些在打骂中长大的孩子确实很孝敬父母。但是懂得真爱的人就会发现这样的父母是自私的。实际上，如果孩子一旦被打骂得孝敬父母之后，在他们所有作为人类的潜能之中，孝敬父母便成为其发展的唯一特长。而发展这个特长，可能给他们其他方面的发展带来不可弥补的损失，给他们的一生带来永远的伤痛。另一方面，过于严厉的教育和打骂，给孩子造成反社会的人格状态的例子也不少，让人痛心(李跃儿，2008)。

(4)把教育简单理解为说教，对孩子要求过高，却不能以身作则，只有"言传"，没有"身教"。

在说教环境中成长起来的父母们，必然会用说教的方式教育自己的孩子。而成功教育的关键在于父母如何做好自己，而不是学习多少所谓的教育方法，尤其是说教方法。孩子是父母的镜子！

(5)过分推崇智力培训和知识灌输，急功近利，拔苗助长，违反儿童成长规律。

儿童首先发展的,不是视觉,而是触觉,是身体的感觉,在身体的感觉传递给脑的过程中,逐渐获得至关重要的本体感。儿童在学龄前最重要的任务之一,是掌握自己的身体。掌握了身体,发展出生命感、运动感和平衡感,然后才能够发展智力。儿童在7岁以后,才有真正的形象思维,14岁以后,抽象思维能力才开始萌芽——这是自然规律。因此,让学龄前的儿童进行抽象思维,则是在透支他们的生命。现在大多数家长积极地让孩子提前学习各种知识,孩子处于成年人的控制之下,被动地接受刺激和灌输,孩子像是受训的动物一样,个体的生命没有得到尊重和发展,在发展自我身体与心灵方面会遇到空前的障碍。

儿童与父母的关系基础是亲密关系的确立,之后,儿童才有接受父母教育的心理基础。儿童接受教育的前提是完成二个成长期:一是自我意识构建期,这是伦理道德教育的前提;二是身体与意识的适应期,这是知识与技能教育的前提。现代的许多父母在孩子自我意识未完全建立时,就开始教育孩子不要自私、要孝敬长辈、要学会合作、分享,自然常常遭到失败,没有效果;大多数父母在孩子身心尚未度过适应期、未走上正轨时,就过早地向孩子灌输知识、培训技能,从而使孩子的身体在儿童时期不能获得足够的、用于正常发育的生命能量,进而对一生造成潜在的不良影响(李维胡德,2011)。

每一个儿童都是一个独立的自我个体,拥有自己的天赋权利,而不是满足成人和家长自身梦想和愿望的工具,一味地过高要求孩子,望子成龙,望女成凤,时时处处争抢第一,不但揠苗助长,不利于孩子身心的健康发展,而且很可能会摧毁孩子的精神自我。

(6)父母(尤其是父亲)职责不到位,甚至缺失。

儿童与父母的关系基础是亲密关系的确立,即孩子从父母那里获得足够的、无条件的爱和安全感,能让自己的生命从父母那里获得坚实的能量支撑。

然而,在中国有这样一群孩子,他们从小不能生活在父母身边,被托付给爷爷奶奶、亲戚甚至邻里照料;他们想念父母,渴望家的温暖,但相聚的频次只能以年计算;除了汇款单和电话,他们不知如何感受父母的爱,对家的描述都来自想象和回忆。他们普遍感觉孤独,有一些孩子营养健康状况令人担忧,心理问题的检出率明显高于与父母一起生活的孩子。

据来自安徽的调查,留守儿童中80%有不同程度的心理健康问题,如自闭型(表现为性格内向孤僻、不善与人交流)、逆反型(表现为暴躁冲动、情绪不稳定、自律能力差、具有较强的逆反心理)等。[①]"再忙碌的父母都可以成为好父

---

① 白雪.第二种代价[N].中国青年报,2012年2月22日,04版.

母,再遥远的距离也能传递亲情。"(孙云晓,2010)。在儿童时期,孩子的心灵是需要父母爱的滋养和保护才能健康发育的,孩子在7岁之前离开母亲是一种巨大的打击,3岁前离开父母是一种灾难!

依恋情感是孩子安全感与幸福感特别重要的来源,影响人一生的发展。犯罪心理学家李玫瑾教授长期研究心理抚育,她建议孩子12岁之前不要离开母亲,孩子12~18岁不要离开父亲,这是孩子健康成长最重要的条件。如果只能把孩子交给老人带,也要保持稳定性,不宜让孩子东奔西走。

3. 家长面临困境的根源

这一代的父母都成长在传统权威环境下,所学习和承袭的教育是上一代的管教模式,但是面对成长在现代民主环境背景的下一代,缺乏应对的教育理念和方法,而且也没有任何人或学校教他们如何为人父母,自然在新旧价值观交替之际感到茫然和焦虑。

儿童的父母在早教方面通常面临困境,其根源包括主观和客观两个方面。主观原因之一是,有的父母在孩子出世之前,未做好接纳孩子的准备,在哺育孩子的早期就已身心疲惫,心里就想着赶紧把孩子甩手给爷爷奶奶来带,自己好赶快上班;之二是,父母自身存在着一些成长问题,而且自己难以觉察,或者苦于找不到解决问题的方法,在不知不觉中就殃及了后代,即把自己的问题再传给下一代,造成一种遗传的假象,反而更容易误导家长,让家长找到所谓的理由。

客观原因之一是,由于非科学教育理念的盛行和泛滥,有的父母虽然认识到自己的问题,并努力作出改进,但是通常因外源干扰太大而无力应对。有时出于尽孝,在孩子教育问题上不能自己做主,常常要让步于爷爷奶奶的旧观念,尤其是在祖父母对孩子的付出多于父母付出的情况下,父母的话语权被削弱,问题就更加严重了;之二是,面对来自社会、工作的诸多压力,家长因心态浮躁、情绪不稳定,常感力不从心,自然少有时间关注和陪伴孩子,也就难以在成长方面给孩子以支持的力量。父母对孩子精心的陪伴是孩子健康成长不可或缺的精神力量的源泉。

4. 不科学的早期教育导致的后果

不科学早教导致的不良后果体现在孩子的智力、心理、精神和身体等各个方面。最常见的问题有:身体发育不完善,为成年后的健康留下不良隐患;把自己人生的一切寄托于外界,不知足感严重,痛苦伴随一生;成年后丧失理想,常被迷茫感笼罩,易逐渐堕落;抗逆性差,经不起挫折和打击;最严重的会出现反社会、反人类倾向(李跃儿,2008)。

古语所讲的"三十而立",应该是心智的独立、自由,展露个性的人生状态。然而80%以上的成人在30岁以后就放弃了自己的梦想,过着平庸的生活,而内心却并不甘心。他们在童年时代就没有获得过真正的独立自由,甚至没有获得过真正意义上的爱,他们一直被社会或父母以爱的名义压抑着、压制着,并已经习以为常。

儿童教育家多萝茜·洛·诺尔特(1954)从18个方面讲了孩子的生活环境给他们造成的对应性影响,她说:如果一个孩子生活在批评之中,他就学会了谴责;如果一个孩子生活在敌意之中,他就学会了争斗;如果一个孩子生活在恐惧之中,他就学会了忧虑;如果一个孩子生活在怜悯之中,他就学会了自责;如果一个孩子生活在讽刺之中,他就学会了害羞;如果一个孩子生活在嫉妒之中,他就学会了嫉妒;如果一个孩子生活在耻辱之中,他就学会了负罪感。

上面是从负面影响说的。下面说的是正面影响:"如果一个孩子生活在鼓励之中,他就学会了自信;如果一个孩子生活在忍耐之中,他就学会了耐心;如果一个孩子生活在表扬之中,他就学会了感激;如果一个孩子生活在接受之中,他就学会了爱;如果一个孩子生活在认可之中,他就学会了自爱;如果一个孩子生活在承认之中,他就学会了要有一个目标;如果一个孩子生活在分享之中,他就学会了慷慨;如果一个孩子生活在诚实和正直之中,他就学会了什么是真理和公正;如果一个孩子生活在安全之中,他就学会了相信自己和周围的人;如果一个孩子生活在友爱之中,他就学会了这世界是生活的好地方;如果一个孩子生活在真诚之中,他就会头脑平静地生活。"

所有的家长都应该问问自己:"我的孩子到底生活在什么之中呢?"心理学家指出:杀人犯大多都是在暴力、缺乏爱的环境里长大的。人们可以从这样的环境里分离出上万条恶因,但是最重要的一条,就是爱的缺失。李跃儿(2008)说:"当通向爱的渠道受到阻隔而处于干涸状态时,反作用力就会像沉睡的火山那样喷发并演变成暴力。暴力,是爱受到挫折的结果。父母若不能给自己的孩子充分的爱,或迟或早都将付出沉重的代价。"

现代父母似乎被普遍认为天生就能胜任"父母"这一角色。然而事实并非如此,父母角色是成人发展中最难处理的角色。因此,解决父母教育空白问题是当前早期教育中寻求突破的关键,而最有效的途径之一就是普及和推广父母效能系统培训(PET)。当前西方亲职教育中"父母效能系统培训"理念已颇为盛行。这套教育子女的观念和方法除了在西方国家,在新加坡、马来西亚等东方国家也颇为成功,让许多父母在实际运用上能得心应手,而且尤其受到那些十分重视非智力的因素(如期望自己的孩子"有责任感"、"有信心和勇气"、"有宽恕心")的现代父母的欢迎。

(三)早期教育成功模式介绍

1. 科学的早教——蒙特梭利与孙瑞雪教育

1) 蒙特梭利教育

玛利亚·蒙特梭利(Maria Montessori)，意大利教育家和医生，出生于意大利的安科纳地区。她是意大利第一位女医学博士，于罗马大学毕业后，在本校附属精神病院作临床助手，致力于弱智儿童教育的研究，后成为弱智儿童学校的主任教师。没过多久，蒙特梭利又进入罗马大学学习心理学、教育学、哲学等，并创办了第一所"儿童之家"。她在实验、观察和研究基础上，尽最大努力打破传统学校的教育方法，不带任何先入之见，一切从观察研究儿童及其家庭环境入手；并以儿童和家长的朋友的身份出现，热爱关心儿童，为儿童设计各种教育方案。经过不断探索和总结，她建立了自己独特的幼儿教育理论和方法，对世界教育带来革命性变革，引起了社会的广泛而强烈的反响，促进了现代幼儿教育的发展，赢得了各国同行的尊敬和崇高评价。她对世界学前教育的巨大贡献不仅在于创立了蒙特梭利教育法，而且在于她以长期的宣传和实践推动了世界学前教育的发展。她的学前教育课程被后人称为蒙特梭利方案。

目前，世界各国的孩子已经和正在通过蒙特梭利的著作所传播的理念，接受着与传统教育完全不同的自主教育。迄今为止，她的著作已被译成37个国家的文字，在世界许多国家都成立了蒙特梭利协会或设立了蒙特梭利培训机构，完全的和不完全的蒙特梭利学校遍及110多个国家。在日益重视素质教育的中国，以她的思想为基础创立的蒙特梭利婴幼儿班和学前班，也越来越受到家长和幼儿园的青睐。

蒙特梭利教育法之所以能影响整个世界的教育体系，关键在于她在总结卢梭、裴斯泰洛齐、福禄贝尔等人自然主义教育思想的基础上，形成了自己革命性的儿童观念。她认为儿童有一种与生俱来的"内在生命力"，这种生命力是一种积极的、活动的、发展着的存在，它具有无穷无尽的力量。教育的任务就是激发和促进儿童"内在潜力"的发挥，使其按自身规律获得自然的和自由的发展。她主张，儿童不是成人和教师进行灌注的容器；不是可以任意塑造的蜡或泥；不是可以任意刻画的木块；也不是父母和教师培植的花木或饲养的动物；而是一个具有生命力的、能动的、发展着的活生生的人。教育家、教师和父母应该仔细观察和研究儿童，了解儿童的内心世界，发现"童年的秘密"；热爱儿童，尊重儿童的个性，促进儿童的智力、精神、身体与个性自然发展。她还利用第一手观察资料和"儿童之家"的实验，提出了一系列有关儿童发展的规律(蒙特梭利,1936)。

(1)儿童发展有一个"胚胎期"。即人有生理和心理两个胚胎期，其中心理胚胎期是人类特有的，新生儿期就是这个胚胎期的开始，它是儿童通过无意识地吸收外界刺激而形成各种心理活动能力的时期。

(2)儿童发展有一个敏感期。"正是这种敏感性，使儿童以一种特有的强烈程度接触外部世界。在这一时期,他们能轻松地学会每样事情,对一切都充满着活力和激情。"

(3)儿童发展具有阶段性。第一阶段(0~6岁)是儿童各种心理功能形成期。其中从出生到3岁是心理胚胎期,这一时期儿童没有有意识的思维活动,只能无意识地吸收一些外界刺激。另一个是个性形成期。儿童逐渐从无意识转化为有意识,慢慢产生记忆、理解和思维能力,并逐渐形成各种心理活动之间的联系,获得最初的个性心理特征。第二阶段(6~12岁)是儿童心理相对平稳发展时期。第三阶段(12~18岁)是儿童身心经历巨大变化并走向成熟的时期。

(4)儿童是在"工作"中成长的。蒙特梭利认为,游戏会把儿童引向不切实际的幻想,不可能培养儿童严肃、认真、准确、求实的责任感和严格遵守纪律的行为习惯。只有工作才是儿童最主要和最喜爱的活动,才能培养儿童多方面的能力,并促进儿童心理的全面发展。她将儿童使用教具的活动称之为"工作",而将儿童日常的玩耍和使用普通玩具的活动称之为"游戏",儿童身心的发展必须通过"工作"而不是"游戏"来完成。

在蒙特梭利来看,幼儿教育是人类最重要的一个问题,它的目的是两重性的:生理的和社会的。从生理方面看来,是帮助个人的自然发展;从社会方面看来,是使个人为适应环境做好准备。在幼儿的教育中,要注意两条原则:自由的原则、工作的原则。正是基于上述原则,我们可以看到,孙瑞雪"蒙特梭利幼儿园"允许孩子发呆。夏山学校(Summerhill)的孩子被允许整天在校园里发呆、闲逛,那是一种在自由中的沉思或寻找的姿态,他可能在思考人生的走向与意义,一旦他自己找到了、顿悟了,他的人生将是由自己把握的,必将创造真正的人生。夏山学校有很多例子证明了:人是在寻找中将人生升华到幸福圆满的境地,而在压制和奴役中人沉沦了。

现代学前教育鼻祖、德国教育家福禄贝尔(Frobel F W)认为,幼儿是通过游戏将内在的精神活动表现出来,游戏对幼儿人格发展、智慧发展有重要意义。而蒙特梭利所认为的儿童应该在"工作"中成长的理念,削弱了"游戏"对于儿童成长的意义和重要性。另外,在实践中,蒙氏教育对儿童感性的保护做得还不到位。尽管如此,蒙氏教育仍然比较适合现代功利型社会的教育观念。

2)孙瑞雪教育

孙瑞雪自从1995年在中国宁夏开始实践蒙特梭利教育以来,发展了蒙氏教育,并吸取了皮亚杰教育的长处和心理学的最新成果,根据中国文化的特点,细化了教育的内涵和规则,把教师和孩子摆在了平等的位置上,并用多年摸索出来的完善的基于"爱和自由、规则与平等"的教育精神进行人性化管理,抛开对孩子单向的灌输、评价和权威压力,转向观察孩子生命的内驱力,以尊重和爱辅助孩子成为他自己。

这种模式已经颠覆了传统教育的"老师管学生"的模式,这对于那些在压抑的环境中长大、控制和管理欲望很强而且不懂儿童心理的执传统教育理念的人无疑是难以接受的。然而,随着孙瑞雪教育理念下成长起来的快乐、健康、自信、充满智慧的孩子逐渐增多,孙瑞雪教育理念已开始被越来越多的家长接受,星星之火已初具燎原之势。

2010年,孙瑞雪教育机构在北京、上海、广州、深圳、银川等地先后创办了共9所"爱和自由"幼儿园、3个小学部,其中有些幼儿园孩子学位预约报名已排满到2年之后。父母们恳请孙瑞雪教育机构到当地办园的呼声更是从全国各地不断传来。"爱和自由"教育以其根植于生命的教育精神、科学系统的教学体系、扎实稳定的教学实践,验证着其旺盛与恒久的生命力。

孙瑞雪幼儿园和学校的"爱和自由、规则与平等"教育精神的具体表现有以下特点。

(1)洞察孩子的行为,理解孩子的心理,关注孩子的思想,协助孩子成长,给予孩子心理能量,允许孩子以其自我的方式成长、发展,而不是服务于成人的目的。

(2)儿童通过自由支配自己的身体和行动而获得尊严,通过自由地使用其选择的能力获得意志上的自由,通过没有干扰的独立工作获得思想上的独立。

(3)教师、家长和孩子遵守着同样的规则,规则给予孩子是非的界限和使用环境的界限,节约了孩子的成长成本,同时保护成长中的孩子免受权威压制。

幼儿园的规则共有7条,由最初4条规则增加到7条规则用了10年。包括:不可以有粗野的行为;不可以打扰别人;别人的东西不能拿;请归位;请等待(谁先拿到谁先玩);学会拒绝,学会说"不";做错事要道歉,并且有权利要求别人道歉。这7条规则严格制约了老师对儿童的限制和支配权,保证了整个学校处在一片和谐与自由的状态中。

孙瑞雪认为,真正的规则能够从人性的根基上奠定道德规范。当孩子生活环境中的全体人都遵守着规则,孩子就知道自己能够做什么、不能够做什么,就能够生活在不超越底线的自由状态中,生活在和谐与秩序中。

(4)老师不再是任何方面的权威,孩子也不是服从老师的匍匐者,双方一致而平等地交流。清晰准确而共同遵守的规则,充分保护孩子的个人空间和身心灵的一致性。

孙瑞雪坚信,所有的生命都是依自然法则来成长的。对人来说,生命成长的法则是自由意志和爱。孙氏学校的规则适用于全体人,包括每一位老师、孩子,乃至校长。而家庭和传统学校的规则通常由强势群体把握,并且只有孩子遵守,它已转变成权力,而不是规则。这正是长期以来家庭和学校教育面临的巨大问题。

2. 适合人类的早教——华德福教育

华德福学校起源于德国的斯图加特(Stuttgart)。1919年由奥地利科学家、教育家和哲学家鲁道夫·施泰纳(Rudolf Steiner)根据人智学的理念为一个叫Waldorf的香烟厂的工人子弟办的学校,并命名为自由华德福学校(德文名为Freie Waldorf Schule)。这所学校的成功,受到社会各界的好评,人们都认为这是代表未来教育的典范。后来,凡是实践这一教育理念的学校都被称为华德福学校(Waldorf School),或鲁道夫·施泰纳学校(Rudolf Steiner School)。

华德福教育历经近百年的发展,如今已成为世界上规模最大、发展最快的、非宗教的教育活动,华德福学校遍布各大洲不同文化背景和社会价值观的国家。华德福教育在欧洲已发展到了一个比较成熟的阶段,在北美、南美和南太平洋区正处于蓬勃发展之中,近年来,也在亚太地区的日本、泰国、尼泊尔、印度和越南以及中国台湾地区等生根发芽。根据2000年德国华德福教育友好协会的统计,全球有876所华德福学校、2 000多所华德福幼儿园、300多家矫正教育和社会治疗机构。联合国教科文组织曾在第44届国际教育大会上向全世界推荐华德福教育,称其"建立在对人的本质的深入了解的基础上,为充满矛盾的现行教育提供了很好的经验和借鉴,是一种直接接触现实生活的教育"。一些华德福学校也是联合国教科文组织成立的国际教育网络联合学校计划的成员。联邦德国教育厅曾做过一项统计,在全国性的ABITUR考试中,华德福学校的学生考取率是公立学校的3倍。

中国内地第一次接触华德福教育是在1994年,一对在中国旅游的澳大利亚夫妇,在一次不平常的聊天中把华德福教育介绍给黄晓星和张俐。二人于1995年秋天先后在英国的爱默生学院和美国的Sunbridge学院接受了华德福教师培训,并在美国继续学习和实践华德福教育和人智学工作。期间,在他们的介绍和帮助下,李则武、吴蓓也先后在英国和美国接受了华德福教师培训。同时,来自德国的华德福学校毕业生卢安克,志愿在广西的一个偏僻农村里为孩子做教育实验和研究,实践华德福教育多年,吸引了各媒体的注意。之后,通过这些人的著作、翻译等各种介绍,国内的很多人已经对华德福教育有了初步的了解和热切的盼望。2004年夏天,由从美国回来的黄晓星、张俐和英国回来的李泽武等人发起,由十几位包括大学生、学者、工人和商人(其中包括外籍人士)等共同参与,在四川成都建立了国内第一所华德福幼儿园和学校。

施泰纳对人的精神活动做了深入的研究。他认为可以用科学的方法来研究精神领域,并创立了特别的精神科学(Spiritual Science),称为人智学(Anthroposophy)。人智学是探索通往精神领域的途径。人智学研究的对象是人的智慧、人类以及宇宙万物之间的关系。通过研究人智学可以清楚地认识自己和人类精神的存在、物质世界与宇宙的现象。研究人智学的目的是培养一个完全开放的胸襟,既不盲从也不随意拒绝,当人的内心有所需求,这种知识和智慧就会涌现,并可以以内心世界的需求来调节,直至获得与精神世界的共鸣。

施泰纳认为教育应建立在对人的本质、人与宇宙关系的深刻认识的基础上,围绕着人、社会和宇宙的和谐发展而进行,在教育过程中,把每一个人都作为一个独立的精神统一体来看待。施泰纳说:"现代物质科学是化整为零的科学……只能给予人们局部的真理。人类的心灵深处是复杂多样的,不能用物质科学中符合逻辑的概念来解释人,只能通过艺术性的方法来领悟和从精神科学中去探索,有心灵精神的科学应该是寻求知识、艺术创造、信仰奉献与内心的和谐。"

施泰纳将人划分成4个层次的生命:物质身、以太身、星辰身和"吾"(高度觉知的自我),对人类的智慧和人的意识发展做了深入研究,从而得出关于人的身体、意识和精神发展的独特认识。他对人的深入研究奠定了华德福教育的理论基础。华德福教育就是配合人的意识发展规律,针对意识成长的阶段性来设置教学内容,让人的各个层次的生命都得到迎合和发展。因为人的发展过程,在不同的发展阶段中物质身、以太身、星辰身和"吾"都扮演不同的角色。施泰纳认为人的生命是以7年为周期的方式发展着,一个人在21岁时便发展成为一个全人。华德福的教育理论就是以"七年周期"为基础,根据孩子在每个周期中的特色及发展状况给予正确的教育方式。比如,7岁以前是发展意志与身体,7~14岁发展感觉与心灵,14~21岁发展思考与精神。若太早或太晚给予孩子们那段时期需要的教育,均会影响他们日后更高层次生命的发展。

针对人的深层意识的教育才能让孩子成长为自己,最终才能达到具有超越物质、欲望和情感的洞察与判断力,结合与生俱来的智慧和本质达成自我,最终找到自我的定位和人生方向,完成自我实现。

教育是科学的,也是艺术的,教育是基于对人的天性及本质全面观察和认识基础上,充满着生命力和创造性的活动。每个人都是精神、心灵和身体结合的整体,华德福教育的方式、方法是建立在对这三个方面充分理解认识和遵循人的发展的天性和规律的基础上。华德福老师通过独特的方法和渠道,在深入的体验和审视自我的基础上,深入细致地对每个学生的生命和本质进行全面的观察和研究,并根据学生的发展阶段,以学生的意志、感觉和思考的发展需求为目标,帮助学生的身体、心灵和精神平衡和谐地发展,最终引导学生成为一个具有创造性、道德感和责任感的独立思维的人。

华德福教育对人的精神领域的密切关注以及崇尚自由的教育理念,显得有些曲高和寡,而且常会让教师难以把握。孙瑞雪教育虽然具有一套容易操作的规则与方法,但这反而易使"爱和自由"的教育理念流于形式。由于功利化、形式化永远都是教育的误区,华德福教育在把握以人为本的教育本质原则上,确实稳固地占据着未来教育的引领者位置。所以如果在理想与现实面前寻找一个平衡点,或许更容易被社会接受的教育模式是孙瑞雪教育。然而不论是孙瑞雪教育还是华德福教育,对师资的要求都是极高的,期待更多的有见识、有爱心的先行者们能够投身到适合人类的理想的早期教育中来。理想教育模式的普及必然需要一个漫长的过程,而且对教育先驱者们在现代商品经济社会把握自己的教育理念不被功利化污染和腐蚀的能力提出了相当大的挑战。然而我们坚信,理想教育模式的普及必将带动全社会跨入人类教育的新纪元。我们期望看到,在不久的将来,在中国教育的彩锦上点缀着华德福、孙瑞雪及其他各类以人为本的先进教育的朵朵鲜花。

第六章 中国的生态文明:历史传统与现代挑战

第一节 中华文明及其环境发展的历史回顾

自然环境是人类文明赖以存在与发展的基础。当支撑某一文明的环境发生变迁,人类必须通过文化的进步和更新来适应新的环境。从自然的角度来看,中华文明的发展史就是一部伴随着生态环境兴衰的历史,只不过生态环境在中华文明的发展过程中始终处于次要的、从属的地位,呈现为隐性的、不受人重视或根本无暇重视、也来不及重视的状态。

一、古代

(一)中国古代对环境的保护

1. 环境卫生

据史料考证,中国是世界上最早颁布环境保护法规的国家。战国《韩非子》记载:"殷之法,刑弃灰于道者,断其手。"而秦律规定:"弃灰于道者黥",即用刀在额颊上割上记号,再涂上黑墨。史载在殷商时期,西周之前,汉民族就有"尚洁"之风,当时这股风气深入到社会生活之中,谁不重视卫生都是要受到嘲笑和讽刺的。即使是贵为帝王,臣子也要拿打扫卫生来规劝。《诗经·大雅·抑》中就记载了一个老臣的谏言:"夙兴夜寐,洒扫庭内,维民之章。"老臣要国君早起晚睡,洒扫庭院和室内以保持环境卫生,为人民作出榜样。中国古代著名的朱子《治家格言》道:黎明即起,洒扫庭除,要内外整洁。

中国古代,由于人们的生活主要依赖于自然生态,因此,他们在很早的时候就注意到通过教育和管理来达到保护自然环境的目的。魏晋时代思想家何晏在《景福殿赋》声称:"体天作制,顺时立政。"这里的"作制""立政",强调的是"体天""顺时",也就是要古人的规矩,依月令而行。《礼记》说"凡举事必顺其时",说得也是这个道理。在这方面,有个例子,古代很早就"体天""顺时"设立了"虞"这么一个用今天的话来说是"环保官员"的职位。荀子指出:虞师的责任就是"养山林薮泽草木鱼鳖百索,以时禁发,使国家足用而财物不屈"。《周礼》提到的有"泽虞"、"兽人"、"迹人"、"山师"、"川师"等管理自然资源的职官;《吕氏春秋》也提到"野虞"、"水虞"和"渔师"等类似的官名。

据说,最早的虞官名叫伯益,产生于4 000多年前的帝舜时期。据《尚书·舜典》记载,一次帝舜召集大臣们议事,他问:"谁能替我掌管山林川泽中的草木鸟兽?"众臣推举伯益。舜说:"好,伯益,你来担任我的虞官吧。"伯益有丰富的生物学知识,他把山林川泽管理得很有调理,使草木生长得很茂盛。他成为令人尊敬的英雄,人们尊称他为"百虫将军"。可以说,他是世界上最早的一位"环境部长"。

2. 自然资源

《国语·鲁语上》有一段"宣公夏滥于泗渊,里革断其罟而弃之"的故事。鲁宣公在夏天到泗水的深潭中下网捕鱼,里革割破他的渔网,把它丢在一旁,劝告说:"古时候,大寒以后,冬眠的动物便开始活动,水虞这时才计划用渔网、鱼笱,捕大鱼,捉龟鳖等,拿这些到寝庙里祭祀祖宗,同时这种办法也在百姓中间施行,这是为了帮助散发地下的阳气。当鸟兽开始孕育,鱼鳖已经长大的时候,兽虞这时便禁止用网捕捉鸟兽,只准刺取鱼鳖,并把它们制成夏天吃的鱼干,这是为了帮助鸟兽生长。当鸟兽已经长大,鱼鳖开始孕育的时候,水虞便禁止用小鱼网捕捉鱼鳖,只准设下陷阱捕兽,用来供应宗庙和庖厨的需要,这是为了储存物产,以备享用。而且,到山上不能砍伐新生的树枝,在水边也不能割取幼嫩的草木,捕鱼时禁止捕小鱼,捕兽时要留下小鹿和小驼鹿,捕鸟时要保护雏鸟和鸟卵,捕虫时要避免伤害蚂蚁和蝗虫的幼虫,这是为了使万物繁殖生长。这是古人的教导。现在正当鱼类孕育的时候,却不让它长大,还下网捕捉,真是贪心不足啊!"宣公听了这些话以后说:"我有过错,里革便纠正我,不是很好的吗?这是一挂很有意义的网,它使我认识到古代治理天下的方法,让主管官吏把它藏好,使我永远不忘里革的规谏。"有个名叫存的乐师在旁伺候宣公,说道:"保存这个网,还不如将里革安置在身边,这样就更不会忘记他的规谏了。"

这个故事生动地告诉我们,数千年前的中国古人,对自然生态环境的看重、认识和保护,已经到了一个相当高的程度。《孟子·梁惠王上》记载:"不违农时,谷不可胜食也。数罟不入洿池,鱼鳖不可胜食也。斧斤以时入山林,材木不可胜用也。"也就是说,只要不违背农事的节气,就会有吃不完的粮食了;不往大池塘里投下网孔细密的渔网,鱼鳖也会是吃不完的;到山上去砍伐树木,要注意季节和搞清楚树木的生长情况,若此就会有用不完的木材。《吕氏春秋·孟春纪》也说:"禁止伐木,无覆巢,无杀孩虫胎夭飞鸟,无麛无卵,无聚大众,无置城郭,掩骼霾髊。"即禁止随便砍伐树木;不要去破坏鸟巢;"孩虫胎夭飞鸟"和麝、卵之类的都是幼小动物,应该予以保护;不要去搞大的聚会活动和不要去建筑城墙,怕有误农业生产;对动物的尸体,包括人的尸体,要及时进行掩埋。

《新序·杂事五》中有这么一段记载:汤见祝网者置四面,其祝曰:"从天坠者,从地出者,从四方来者,皆罹吾网。"汤曰:"嘻!尽之矣,非桀其庸为此?"汤乃解其三面,置其一面,更教之祝曰:"昔蛛蝥作网,今之人循序,欲左则左,欲右则右,欲高则高,欲下则下,吾取其犯命者。"汉南之国闻之曰:"汤之德及禽兽矣。"四十国归之。这就是中国人所说的"网开一面"的道理:做任何事,都不能"赶尽杀绝"。这段记载给予我们的启示还有,一方面,要懂得保护自然生态;另一方面,要学会宽容。这种宽容应该是由鸟及人,由人及鸟的。而这"鸟",则应是自然界的万物。

3. 环保法令

古代环保法令十分严酷。为了有效地保护自然资源,中国古代有一系列的举措。西周时期,颁发的《伐崇令》规定:"毋填井,毋伐树,毋动六畜,有不如令者,死无赦。"这是中国古代较早的保护水源、森林和动物的法令。其规定十分严酷,有违者,"死无赦"。这一时期,颁发过不少类似的条文,它们比较系统地体现在战国末年成书的《吕氏春秋》中。秦汉时期,保护自然资源的理论达到了高水平。西汉淮南王刘安在《淮南子》中对古代生物资源保护政策做了论述。他指出:禁止砍伐生长的树木,不能捣毁鸟巢、不捕杀怀孕孵卵的动物,特别要保护好幼小的麋和鹿等。唐代,为政者把山林川泽、苑囿、打猎、城市绿化、郊祠神坛、五岳名山等纳入政府管理的职责范围;还把京兆、河南两都四郊三百里划为禁伐区或禁猎区。在管理范围和力度上,超过了先秦时期。宋代,为政者同样注重对生物资源的立法保护。从宋代起,人们对围湖造田导致蓄泄两误,乱砍滥伐导致水土流失的问题已经有所觉察,说明当时的有识之士对环境问题的敏感。

到了明清两代,虽然也有一系列的环境保护规制,但实际的保护工作,似乎有所倒退。如明代到了仁宗执政时,开始放弃一些管制内容。"山场、园林、湖泊、坑冶、果树、蜜蜂,官设守禁者,悉予民。"由于疏于管理,由此造成了一定程度的环境危害。清代,人口猛增,战事频繁,再加上西方列强的掠夺,粮食问题自然成了一个关系到国家安危的大问题。于是,政府鼓励开垦新的土地用于粮食生产。一些草地和林地成了农田。草原的沙漠化和水土流失较为严重。尽管也有仁人志士站出来说话,但未引起清王朝的重视。这似乎成了中国进入近代后,尤其是到了20世纪后半期,环境破坏日趋严重的一个前兆。

(二)生态环境状况

(1)自新石器时代早期至春秋战国(公元前770年)前,大约经历了四五千年的时间。

当时的农业生态环境尚属原始状态。中国大部分地区以温暖湿润的气候为主。因此森林广布、林草繁茂;雨水充沛,河湖众多;平原广布,土壤肥沃。自然环境无比优越,但生产力却极其低下。生产方式以"刀耕火种"为主,即先在土地上放火烧掉杂草和灌木,用锄头刨开土壤撒下种子,然后便等待收获。若干年后,一旦土地的肥力丧失,人们便开始迁徙到新的地方去开始新的"刀耕火种"。这种现象被称作游农或游耕。据历史记载,夏、商及周文王之前曾多次举族迁徙。那时的农业生产完全是"靠天吃饭"。

总的来说,这一时期的人类在原始的自然环境中,过着原始农耕的生活,倒也算是"和谐共处",其乐融融。

(2)自公元前770年春秋时期至1840年鸦片战争爆发止,持续了2 600年。

这一阶段是中国农业飞速发展取得辉煌成就的时期,造就了中国古代文明。这个时期自然环境发生了巨变。古代农业自然环境的显著变化包括:气候呈现出由温暖湿润为主变为干旱寒冷的趋势;森林急剧减少,草场范围缩小;黄河泛滥加剧,长江以北著名大泽消失。此时,中华文化的发源地——黄河,以及其他著名大泽生态环境的破坏,最是触目惊心。由于黄河中游地区的森林被任意无度砍伐,水土流失日趋严重。《汉书·沟洫志》中就有"河水重浊,号为一石水而六斗泥"的说法。据史书记载,自春秋战国以后的数千年中,黄河下游的决口泛滥达1 500多次,大的改道26次。水灾波及范围,北至天津,南达淮河口,纵横25万平方千米。春秋战国以后,由于地壳运动、气候变化、泥沙沉积等原因,使长江以北许多著名的大泽逐渐消失。如古代著名"九薮"之中的大野泽和云梦泽,面积最大时,均在方圆八百里以上,分别在金元和清雍正前后相继消失。

农业生产技术和生产条件有了很大提高,表现在铁制农具和畜力广泛使用;水利工程遍布华夏;精耕细作,"游耕"变"定耕";农耕区不断扩大;农作物品种日益丰富;生态农业初现。例如,中国南方丘陵山区梯田的出现和发展,不仅扩大了开垦范围,发展了山区农业,还防止了水土流失,保护了农业生态环境;明清时期在珠江三角洲出现的种桑、养蚕、养鱼三者密切配合的"桑基鱼塘"农业生产形式,表明我国生态农业初现端倪。《孟子·梁惠王上》中说:"不违农时,谷不可胜食也。数罟不入洿池,鱼鳖不可胜食也。斧斤以时入山林,材木不可胜用也。"这是古代先民朴素的"循环经济"意识。《孟子·尽心上》讲"亲亲"、

"仁民"、"爱物"。这里的"爱物"指的便是敬爱自然。为了做到"环境友好",中国古人讲究的是"取之有制"和"取之有时"。可见中国人在为了文明而不得不向自然索取的时候,是特别崇尚"有制"、"有时"的,这才是"爱物",是对环境的友好行为。

二、近代

(一)文明解析

在来自西方世界的工业文明力量面前,中国几千年的传统文明力量遇到了真正的对手。中国近代历史的开始,正是以1840~1842年英国对中国的侵略战争,即第一次鸦片战争为标志的。当然,被击碎的,或者说被颠覆的不仅仅是中国人的自信心,还必然包括中国传统的经济、政治、文化和社会等各个方面、各个领域中不同的观念以及思维方式。中国人开始重新考虑并处理人与人、人与社会、人与自然的关系。

1870~1945年,西方在全球事务中处于中心位置,西方,尤其是美国在工业文明上具有优势地位,从而借此拥有一种比有史以来任何国家或帝国都要大的组合力量。

1492年,意大利航海家哥伦布发现新大陆,成为西方文明向全球扩张的开始。18世纪60年代在英国开始的以蒸汽机发明为标志的工业革命,为西方文明加速向世界扩张提供了强大的动力。以商品输出方式进行的扩张在19世纪中期达到了顶峰。当中国的"闭关锁国"政策阻止了英国的鸦片输出时,立即成为导火线,使得列强用坚船利炮打开了中国的大门。长期以来占据世界文化中心而自傲的中国这才意识到,原来西方不是游牧国家,而是海上强国。

今许多中国人感叹的是,哥伦布在西班牙皇室的资助下进行探险时,只是一支仅有87人的远征船队,仅三艘小船,其中最大一艘长12丈,宽2丈5尺。然而,建造区区三艘小船的资助,却为西班牙换得包括今天的墨西哥、中美洲、秘鲁、智利、阿根廷、古巴、美国佛罗里达州在内的大片殖民地。而在哥伦布之前,明朝永乐三年(1405年)到明宣德八年(1433年),郑和奉明成祖朱棣的命令率领庞大船队七次出使西洋。据《明史》等记载,郑和的船队经东南亚、印度洋远航亚非地区,最远到达红海和非洲东海岸,航海足迹遍及亚、非30多个国家和地区。郑和历次远航,随员均多达两万七八千人,包括行政官员、军事人员、航海技术人员、船舶修造工匠、一般管理人员、办理杂务的人员以及通事和医务人员。船队主体一般由63艘(一作62艘)大、中号宝船组成,有帅船、战座船、马船、水船、粮船等7个品种。大号宝船长44.4丈,阔18丈可容纳1 000余人,是当时世界航行海上的最巨大的船只;中号宝船长37丈,阔15丈,平均也可容纳四五百人。这还是一支根据海上航行和作战需要进行编组、统一指挥的严密船队,而且郑和作为明成祖亲信,曾随皇帝南征北战。这些都表明,郑和绝不仅仅是一位"航海爱好者"而已,而是在政治、航海、外交、军事、建筑等诸多方面都有卓越的智慧与才识的高级官员。这样的船队在世界上堪称一支实力雄厚的海上舰队,英国李约瑟博士认为,"同时代的任何欧洲国家都无法与明代海军匹敌",但中国却没有去向世界扩张。郑和率领船队下西洋,通过各种手段,传播中国的文明,疏通与别国的关系,化解矛盾和冲突。

从郑和船队与后来哥伦布的船队比较来看,当时的中国与欧洲国家在综合国力上的差距悬殊。然而,其文化传统决定了中国潜意识里没有称霸世界的野心。英国李约瑟博士评价说:"中国人从容温顺,不计前仇,慷慨大方,从不威胁他人的生存;他们全副武装,却从不征服异族,也不建立要塞。"

然而,历史上曾长期领先世界,为世界文明作出贡献的中国,到了近代,不再处于世界的中心位置了;以农业文明而闻名的中国,在百年近代史中,既不再一如过去那样"重农",也彻底改变了"轻商"。中国看到了西方工业文明的强大,也渴望自己的真正强大,而丝毫没有注意到工业文明对自然环境的破坏。

(二)自然生态环境

自1840年鸦片战争爆发至1949年中华人民共和国成立的100多年,自然环境日益恶化。一是矿藏、森林遭到日、俄等帝国主义列强的疯狂砍伐和掠夺。二是水土流失加剧,水旱灾害频繁。

由于森林植被的锐减,导致水土流失加剧;加上战乱不断,帝国主义列强的侵略和政府的腐败,使大江大河淤积严重,缺乏治理,水利设施失修,全国范围内水旱灾害不断(黄河、长江、淮河等)。

农业生产力出现了大倒退。史料记载,据陕西、河南、贵州、山西、四川、山东等省的不完全统计,仅1929~1932年饿死的人就达200多万。[①] 另外,因为战乱和自然灾害,大批农民离乡背井,造成耕地的大量荒芜。由于农民生活在水深火热之中,根本没有能力来提高农业生产技术,工具落后、简陋,几乎使得农业生产方式倒退到了古代,甚至原始社会。

(三)外来的工业文明对中国工业的冲击

由于中国的封建土地制度、"重农抑商"的内部政策和"闭关锁国"的外部政策等在内的多方面的限制,100年来,中国始终未建立起完整的国家工业体系。

---

① 陶黎新.中国各历史阶段农业生态环境特点研究[J].农业考古,2006,4:52-56.

但是这一时期,西方工业文明对中国农业文明的刺激却是史无前例的。中国所谓的"近代工业文明"是在帝国主义列强的"坚船利炮"下被"催生"的。中国的晚清时期,首先是外国人在中国通商口岸创办船舶修造等工厂,后是洋务派创办军事工业和民用工业,继而是民族资本创办近代工业,致使中国的工业文明得以不断积累。从鸦片战争爆发到在甲午战争前,外国在中国投资总额约为1.19亿美元。其中,工业投资总额为1 424.51万美元,占全部外国投资的11.93%,而在金融、商业、航运等方面投资约占总额的80%。因此对环境的破坏不是特别的显著。

甲午战争以后,资本主义进入帝国主义阶段,帝国主义列强在中国的工业投资,充斥了各行各业。从重工业的机器、造船到轻工业的纺纱,从投资巨万的矿冶工业到手工制造樟脑工场,都无一不渗透了外国的资本。帝国主义在华的工业投资,已经形成了中国工业上的垄断力量。

以列强在中国投资或控制的工业为主体的近代中国工业史上,几乎没有任何有效防治工业生产对环境影响的法规。有些所谓的法规散见于各个工业部门、林业部门等制定的规范中,但也因战乱和时局的动荡不安,使得其如同虚设。由此,工业发展对环境的破坏,越到近代后期就愈加严重。此时,中国的环境,处于严重失控状态。

(四)列强对中国资源的疯狂掠夺

百年近代史上,帝国主义列强在中国瓜分到自己的势力范围后,把对于煤、铁等"工业食粮"的掠夺始终放在重要位置上,一方面是出于列强发展军事工业以及保证侵略战争的需要,另一方面也是支持其本国工业发展的需要。1913年外资控制的煤产量共为713.7万吨,占当年全国煤产量的55.4%,占当年机械采煤量的93%。1913年中国机械生产的生铁几乎都被日资企业所控制。

近代中国的森林资源遭帝国主义列强的疯狂采伐和掠夺而锐减。中国的黄河中游地区森林覆盖率降至3%;长江流域及其以南山地、丘陵的森林,也因为农垦和生活用柴等原因而大面积减少;海河流域太行山森林覆盖率在清代由15%降至5%左右,"民国"时期再降至5%以下;至新中国成立前夕,中国森林覆盖率降至历史最低,仅为8.6%。

1840年鸦片战争以后,沙皇俄国通过军事讹诈和武装侵略,强迫中国签订了一系列不平等条约。除了抢夺了100多万平方千米森林茂密的土地外,在沙俄的侵略政策下,大批俄国资本家涌入中国东北林区,依靠中东铁路的运输条件和他们的雄厚资本,大肆砍伐大、小兴安岭森林。沙俄把掠夺之木材,加工制成成材,除筑路、建筑外,其余或高价转卖中国,或运往俄国,一部分优质木材投入国际市场,获取暴利。据《珠河县志》记载:"珠河境内遍地森林,自俄人敷设铁路,所有成材木品砍伐净尽。"

日俄战争后,日本以战胜国姿态出现,1905年,日俄两国背着中国签订《朴次茅斯条约》,东北南部成为日本的势力范围,结果,在不到25年的时间内,鸭绿江岸100多千米范围内的原始森林被伐尽。1916年日本又把林业掠夺之手伸向吉林。特别是在第一次世界大战期间,日资林业一度达到了高峰。1931年"九一八"事变后,东北全境的森林资源进入日本人手中。第二次世界大战爆发后,日本帝国主义加紧对东北森林资源的掠夺,采伐量不断增加。据统计,从1931～1945年日本帝国主义侵占东北三省的14年间,掠夺大、小兴安岭及长白山林区的优质木材竟达上亿立方米,破坏森林面积竟达6万平方千米。另一份有关统计显示,从1929～1944年的15年间,东北地区森林面积减少18%,森林蓄积量减少14.3%。

帝国主义列强近代后期在中国东北地区对中国森林资源的掠夺和破坏,是一个典型的生态破坏行为,这种疯狂掠夺造成了森林资源的消损和枯竭危机、水土流失的加剧和洪水泛滥、环境恶化和物种危机等严重破坏生态的问题。列强将中国作为半殖民地近百年,其在中国发动战争、抢夺资源、设立工厂,对近代中国环境的破坏是无法估量的。在当时,绝大多数的中国百姓满足生存的需要已是奢求,也就极少关心生态环境了。

(五)中国对西方文明的应对

1. 中国人的惊恐和冲动

在1840年,中国人几乎没有意识到第一次鸦片战争与中国历史上其他普通的败仗有何本质的不同。陷于灭顶之灾的中国人,直到20年后"百园之园"——圆明园被西方人一把大火烧毁,才认识到19世纪西方人入侵是"史无前例的事件——天下的大变局",是"亘古未有的奇变"。1860年的第二次鸦片战争粉碎了中国人的侥幸心理,随后,瓜分中国的列强接踵而来,中华民族一步步陷入民族存亡的危机。从1894年中日甲午战争,到1900年八国联军攻占北京,1931年"九·一八"事变和1937年七七事变,几乎把中国推到了崩溃的边缘。

当西方工业文明与曾经辉煌的中国传统农业文明发生碰撞,而以中国的惨败结局时,中国举国上下惊愕。当中国人痛定思痛,决定重新振作时,首先的直觉就是"师夷长技以制夷"、"师夷长技以自强",以应对西方文明的挑战。

中华民族为了回应这"亘古未有"的"第一次变局",不断寻求强国富民之路。过去的160多年来,中国经过了三个时期,进行了两次大的制度重建:从清朝时期转变到"民国"时期，从"民国"时期转变到中华人民共和国时期。而在这三个时期、两次制度重建中，"工业化"始终成为回应民族危亡的不变方针。在这条主线的贯穿过程中，中国几乎耗尽这个时代的所有可用能量，来建设自己所向往的工业文明。在今天看来，这个"能量"也包括了这个地区的自然环境和自然资源。

1861年初，总理各国事务衙门正式设立，清朝开始了1860~1895年的自强洋务运动，这是中国试图通过民族工业的发展来"师夷长技以制夷"与"师夷长技以自强"的开始。洋务运动从创办近代军事工业开始，创建了北洋、南洋、福建水师三支海军，创建了新式学堂，而且还陆续创办了一批近代民用工业。

然而，中国的洋务运动具有很强的对外依赖性、封建性和一定程度的垄断性。尤其是对外依赖方面，洋务派要在中国兴办近代工业企业和筹办海防，都不得不在工业技术、资本乃至管理上受帝国主义的左右和牵制。帝国主义的目的是在经济上掠夺中国，在政治上支配中国，这也注定洋务运动不可能实现"实业救国"。1894年9月，中日"甲午战争"爆发，洋务派苦心经营十余载的新式陆军和北洋舰队一败涂地，宣告了洋务运动的失败。

"甲午战争"后，在1895~1911年，清政府又以官办、官商合办、官督商办等形式新建工厂44家、矿山45处，兴修铁路6256千米（包括借款修筑的）。只是原有的洋务派企业发生了较大变化，兴衰不一。其中军用工业大都是勉强维持残局，以致停歇。新开办民用工业主要是矿业，成效不大，几乎都是些地方小厂。洋务派前一时期所创办的民用工矿企业，在这一时期有的失败，有的归商人承办，有的被外资吞并或控制。

从洋务运动始，在之后的140多年里，"工业化"一直是中国的一条重要发展线索。

2. 中国民族工业的艰难发展

"甲午战争"后西方列强大量直接在中国投资设厂，开采矿产，这个资本输出高潮，一方面，外商依靠特权，压迫中国民族工业；另一方面，外国资本输入也带来了模仿效应和技术溢出效应，对民间近代工业的出现起着刺激作用。

当时中国的技术进步首先表现为商品流通方式的进步，包括新式商业企业、运输企业的兴起，以及新式金融机构的创立。其次由于航运和电报富于革命性的技术进步，使中国的进出口贸易条件和贸易方式发生了巨大的改变，刺激了中国出口贸易的发展。再次，中国的私人产业蓬勃兴起，这些产业中凡是比较大型的企业，一般都从西方国家进口机器设备，引进技术，雇佣学成归来的留学生，甚至雇佣洋工程师。

中国的辛亥革命推翻了清朝政权，结束了中国几千年来的封建君主专制，建立了"中华民国",颁布了《"中华民国"临时约法》,它宣告人民应拥有的自由和权利,特别是"人民有私有财产及营业之自由",破除了人民从事社会政治经济活动的桎梏,为资本主义经济活动提供了根本的法律保障。

南京"国民政府"成立后,实施了一系列有利于中国工业发展的新经济政策,如1929年实行关税自主,1931年裁撤厘金统一税收,1933年废两改元与统一货币,1935年实行法币政策等;同时发展金融业,建立国家银行;注重交通建设,增修铁路与公路,开辟航空路线。这些政策与措施使中国工业继续向前发展,缓解了1929~1933年世界经济危机的冲击;解除了1934年由于美国政府大量收购白银,国内金融紧缩给工业带来的萧条和困厄。此外,"九·一八"事变、"一·二八"事变和"一二·九"运动所激发起来的广泛的民族主义浪潮,抵制外货,提倡国货,也给民族工业的发展提供了机会。

在南京"国民政府"初期、抗日战争时期、解放战争时期,因为战争和政治形势,中国的工业经济发展反复多变。抗战后,中国工业曾一度有一定程度的恢复和发展,但是,随着"国民政府"对工商业的垄断、美国剩余物质的大量倾销和"官倒"盛行,民营工商业普遍遭受打击,陷于厄运,尤其是通货膨胀对民族工商业的打击最大。中国"国统区"的经济处于崩溃的边缘。

从1840~1949年的百年间,中国的工业发展是艰难而缓慢的,始终未建立起完整的国家工业体系,也未实现国家的工业化。一切工业救国、教育救国,以合法的途径实现民主化、近代化的主张都不能成功。致力于振兴工业、振兴教育的好心人虽然取得了一些成就,但并不能达到中国近代化的目的,不能使中国独立自强。实际上,是帝国主义的侵略阻断了中国的工业化、民主化的独立发展的道路,使中国在成为半殖民地的同时,又处于半封建的境地。

3. 中国传统文化出现断层

为获取资源与市场,工业文明的先导国家以枪炮打开了地球上其他民族和国家的大门,迫使一切后进民族走向工业化之路。近代中国为实现民族的平等和国家的发展,被迫进入了由农耕文明向工业文明的转型期。而为了应付工业文明的扩张,近代中国百年动荡,内忧外患,血流成河。直到今天,中国仍然在应付从这个变局开始的挑战。

中国是世界文明古国,几千年以来形成了一套行之久远、深入人心的学术体系与学术思想,即以儒学为中心的道德系统和意识形态。18世纪,英国已经开始走向超级大国,19世纪成为世界上唯一的超级大国;而当时中国是闭关的,不理解世界历史开始走向近代化的进程,举国上下以"天朝上国"自居,直到1840年鸦片战争中国被打败。这对于中国是非常大的刺激,一些比较开明、眼光长远的知识分子,反思后认为要对付洋人,就要师洋人的长技。这是中国思想走向近代化的第一步,即以中国的中学为主,辅以西方的技术。之后,出现了最早的"洋务派",他们很快意识到搞技术必须要有科学知识,不仅仅学习西方的技术,而且还要学习西方的科学。

中学西学之争就在这时出现了,最早那批思想比较敏锐的知识分子主张中学、西学都应该学,而且以中学为主,西学为辅。中学与西学之争跟当时的政治和社会背景紧密联系在一起。鸦片战争后,中国接连打败仗,越是打败仗就越强调要学习西学。一直到1894年"甲午战争",中国被日本打败,这对于中国知识界来说是一个最大的刺激。因为日本过去在中国看来是一个藩属,经过了明治维新,就把中国打败了。所以,1898年中国出现了"戊戌变法"。变法者认识到科学技术是社会生活的一部分,但不能够脱离整个政治社会而独立,所以一定要有一个政治体制的背景和它配套,和近代的科学技术配套。这就是国会制和议会制,用它可以来沟通人民和朝廷之间的联系。虽然"戊戌变法"失败,但影响还是比较大的。"戊戌变法"失败以后,中学和西学之争并没有停止,几乎当时整个中国知识界、思想界和学术界都参与了这个大论战。

中国清朝官员张之洞提出"中学为体,西学为用"。这个口号很流行。尽管如此,在实际操作方面,近代中国实质上完全迷恋上西学的"西方工业文明"了,而关于"人与自然和谐"的传统文化,在中国的经济、政治、文化、社会等领域中逐渐萎缩和淡化。这不仅表现在近代中国的工业发展几乎没有顾及过对环境的影响方面,也表现在曾在古代2000多年时间里创造出生态农业雏形的中国,到了近代后的农业生态环境加速恶化方面。中华传统文化在与西方文化以及工业文明的碰撞中出现"文化断层"。甚至在21世纪初,中国的不少官员、学者、企业主仍然在"文化断层"中不能自拔。他们一味追求的是西方的人类中心主义。

从人类文明史来讲,现代化是全世界各民族共同的必经之路。它不是西方的,不过是西方早走了一步,中国起步比西方晚,中国人关注的不应该是所谓的中学和西学之分,而是应该以怎样的一种文化,去关注如何改变工业文明的传统模式,化解发展与环境之间的尖锐冲突进而实现可持续发展的问题。

三、当代

(一)现代化构想与环境危机的爆发

1949年新中国成立以后,中国结束了近代百年屈辱的历史,但回应西方工业文明的挑战仍然是其时中国的第一要务。这种不得不为之的"回应"实践,无疑使中国以显著的经济发展成效赢得了世界的认可。不过,在当时的认识水平和技术条件下,也让中国付出了惨重的环境代价。

中华人民共和国在1949年成立伊始,仍然是一个落后的农业国家,经济萧条,百废待兴。实现国家的社会主义工业化,是国家独立富强的客观要求,也是中华民族振兴的必要条件。特别是经过抗美援朝战争和受复杂国际局势的影响,改变我国工业特别是重工业极端落后状况的客观要求显得更为紧迫。在这样的历史条件下,中国参照前苏联的经验,将工业发展作为重中之重,特别是提高重工业在工业结构中的比重作为优先发展策略。之后又提出了工业、农业、科技、国防的"四个现代化"。但在21年的发展过程中,环境保护工作几乎为零。发展工业的负面影响没有受到重视,"环境保护"尚未列入政府的议事日程;工矿企业排放废水、废气、废渣几乎不受约束,造成了一定范围的工业污染,严重破坏了一些水域的生态环境。20世纪50年代,中国政府开始组织开展大规模的植树造林,加强了森林资源培育、保护和管理。这是有关环境保护的唯一工作。

1958年前后,中国的钢铁生产急需大量能源。中国各地的很多煤矿采用了一些不正确的采煤方法,造成了巨大的浪费,破坏了许多地貌和景观。有的地方还用木材代替焦炭炼钢,严重地破坏了森林资源。例如,在"大炼钢铁时期",辽宁的漳武、康平、新民等县和冀西、豫东、甘肃河西以及河北固安永定河等几处防护林被砍伐了50%左右,其中豫东防护林被破坏80%,湖北省林木蓄积量在三五年内减少了34%。这从一个侧面反映了广大人民群众要求改变经济文化落后状态的普遍愿望,发挥了高度的社会主义积极性和创造性,取得了一定的成果。但是,它忽视客观的经济规律和现实国情,不重效益,甚至以牺牲效益为前提,造成了相当程度的工业污染和比较严重的生态破坏,使中国的环境问题进入了严重发生阶段。

20世纪50~70年代,在中国的经济社会发展中,一是由于对环境保护的认识不足,二是受当时极"左"政治环境的影响,工业生产中严重的环境污染和破坏问题没有受到广泛的重视,致使环境污染和生态破坏严重。

由于当时中国没有制定专门的环境保护法规,只是在《工业企业设计暂行卫生标准》、《中华人民共和国水土保持纲要》等一些相关法规中含有环境保护的内容,工业建设基本上没有环境法规的约束,以致已经建成的大中小型工业项目,多数没有控制污染的措施,使环境质量迅速恶化。在农业生产方面,有的地区毁林、毁牧、围湖造田,人造平原,投资很大,费力不小,粮食产量却很低,而且破坏了粮食生产与其他经济作物相互依赖、相互促进的生态系统。

综上所述,中国的环境问题在新中国成立之初就已经存在,以后的工业化等发展加速了环境污染和生态破坏。"文化大革命"时期,工业污染日益蔓延,生态破坏不断加重,中国的环境问题迅速由萌发期进入暴发期。

(二)联合国第一次人类环境会议对中国的影响

20世纪60年代后的中国环境问题已然比较严重地存在,然而按照当时极"左"路线的理论,社会主义制度是不可能产生污染的。在这样的政治背景下,有少数政治家和学者还保持着清醒的头脑。

20世纪70年代初,中国的环境状况已经日益恶化,一些工业集中地区环境污染严重,直接危害了人民群众的健康。例如,大连海湾发生严重污染,海水变成黑色,5 000多亩贝类滩因工业污染荒废,海参、贝类、蚬子等珍贵海产品损失惨重。港口淤塞,堤坝腐蚀损坏;官厅水库的水污染导致北京市场出售的鲜鱼有异味,吃了这种鱼的人,出现全身无力、头痛、胃痛、恶心、呕吐等中毒症状。至1975年,共有70多个重点污染源得到治理,官厅水库的水源污染基本得到控制。这是中国当代第一个水域污染治理,也是中国自20世纪50年代以来第一次大规模、有意识的环境保护举措。

1972年6月5~16日,联合国人类环境会议在瑞典首都斯德哥尔摩召开,这是人类历史上第一次全球性的环境会议。当时,中国刚刚打破西方国家施加的外交封锁状态,"文化大革命"还在如火如荼地进行,阶级斗争仍是当时的主旋律。然而在中国总理周恩来的支持下,中国派代表团参加了这次会议,除了卫生部门,他还要求工业部门和国家计划委员会共40多人参加了这次会议。周恩来总理在中国政府提交的报告中否定了"大讲建设成就而对环境问题只字不提"的做法,并补充说:"西方环境不像你们讲得那么差,我们这里也没有这么好,污染到处都有"。

联合国人类环境会议有力地促进了中国的环境保护工作。这次会议使中国代表认识到,环境问题不是资本主义社会的特产,在社会主义中国也有,而且非常严重。这是一个痛苦却又非常重要的思想转折,是中国开始重视环境保护的思想基础。

1973年1月,中国国家计划委员会向国务院请示召开全国环境保护会议,很快得到批准。5月,中国的第一次全国环境保护会议在北京召开。这次会议开了长达半个月,比较充分地揭露了中国的环境问题,比如,官厅水库的污染、火力发电厂的污染、黄河沿岸八省区工业"三废"对黄河水的污染。

20世纪70年代之后,中国主动向世界宣布存在严重的环境问题,并表示中国的经济建设和工业发展不能再走西方工业发达国家都经历的"先污染、后治理"的道路。

第二节 中华传统文化中的生存智慧

一、儒家思想

（一）和谐统一的自然观

人是自然界的一部分，这是儒家自然观的基本思想。孔子在《论语·阳货》中说："天何言哉？四时行焉，百物生焉，天何言哉？"儒家认为"天"即自然界有着独立不倚的运行规律。荀子在《荀子·天论》中说："天行有常，不为尧存，不为桀亡。应之以治则吉，应之以乱则凶。强本而节用，则天不能贫；养备而动时，则天不能病；循道而不贰，则天不能祸。"又在《荀子·王政》中说："天地者，生之始也……"万物的生息，都是从天地，即自然界开始的。没有自然界，便不会有万物生长。天即自然界以"生"为其功能并显现其存在，这说明，自然界是有生命的，它本身就是生命体。儒家就是将自然界当作有机生命体看待的，而不是看作与人相对立的机械的物理世界。

关于人与自然和谐统一，汉代董仲舒在《春秋繁露·阴阳义》中说："以类合之，天人一也。"《汉书·董仲舒传》中，董仲舒说："为生不能为人，为人者，天也，人之人本于天，天亦人之曾祖父也，此人之所以乃上类天也。人之形体，化天数而成；人之血气，化天志而仁；人之德行，化天理而义；人之好恶，化天之暖清；人之喜怒，化天之寒暑；人之受命，化天之四时；人生有喜怒哀乐之答，春秋冬夏之类也。喜，春之答也；怒，秋之答也；乐，夏之答也；哀，冬之答也。天之副在乎人，人之情性有由天者矣。"人和天是一样的。天是人的祖宗。这是人之所以成为"上等"是因为类似天。人的体型、血气、德行、好恶以及喜怒哀乐，都和天联系在一起。在董仲舒眼里，人和天是一体的，人只不过是天的一个副本。

北宋程颢、程颐在《二程集》中说："天人本无二，不必言合。"他们认为"天人合一"是无须怀疑的，本来就不存在"天人为二"这回事。"二程"一再强调"人和天地，一物也"、"仁者以天地万物为一体"、"一人之心即天地之心"。

真正使用"天人合一"一词的是宋代的张载。他在《张载集·正蒙·干称》中说："性与天道合一存乎诚。""因明致诚，因诚致明，故天人合一。致学而可以成圣，得天而未始遗人，易所谓不遗、不流、不过者也。"张载还认为："客感客形与无感无形，惟尽性者一之。""客感客形"是指可感可知的万物形体；"无感无知"是指无法感知到的物质，如气。在张载看来，只有完全依照本性，才能将有形的万物和无形的气体合二为一。而圣人可以以一己之善性体万物之共性,"为天地立心,为生民立命",将仁爱理想推及宇宙万物。《礼记·中庸》指出:"惟天下至诚,能尽其性,能尽其陛,则能尽人之性。能尽人之性,则能尽物之眭。能尽物之性,则可以赞天地之化育。可以赞天地之化育,则可以与天地参矣",人遵循天地自然规律以助天地之变化,则可以与天地和谐并立。孟子曰:"尽其心者,知其性也;知其性,则知天矣。存其心,养其性,所以事天也。天寿不二,修身以俟之,所以立命也。"《中庸》的"至诚"和《孟子》的"尽心"是同一个意思,都是指"修性"。"不为而成,不求而得,夫是之谓天职。如是者,虽深,其人不加虑焉;虽大,不加能焉;虽精,不加察焉,夫是之谓不与天争职。天有其时,地有其财,人有其治,夫是之谓能参。"

(二)参赞化育的发展观

在人与自然的关系方面,传统的儒家学者都有"为天地立心"和"民胞物与"的宇宙情怀和人生理想,在精神上把人引向宇宙的心灵化,并产生人与天地万物融为一体的生命感受和精神境界。在《中庸》中有"参赞化育"的说法。天的功能是"化"即化生,地的功能是"育"即养育,人的功能是"赞"即赞助;三者各尽其能而融为一体,是为"参"。因为天地所生之物都有自己存在的权利和价值,物与物之间是"并育而不相害,道并行而不相悖"的关系。在如此组成的参赞化育关系中,人类不仅通过适应天地的本,进而实现了自己的本性,积极地完成了自己,而且更以此使自己参加到了大自然中,与天地同长共久;至于天和地,也由于人的参赞,而实现并完成了自己的化育本性。

那么,人又如何实践"参赞化育"?《中庸》作出了回答:"诚"也。孟子说:"诚者,天之道也;思诚者,人之道也。至诚而不动者,未之有也;不诚,未有能动者也。""智仁勇,天下之达德也,所以行之者一也。"五达道、三达德,最后都总括为一"诚"字。《中庸》说:"唯天下至诚,为能尽其性;能尽其性,则能尽人之性;能尽人之性,则能尽物之性;能尽物之性,则可以赞天地之化育;可以赞天地之化育,则可以与天地参矣。"其含义可理解为:只有天道,才能尽情发挥自己的本性;能尽情发挥天道的本性,才能尽情发挥人的本性;能尽情发挥人的本性,才能发挥万物的本性;能发挥万物的本性,才能参与支持协助天地的进化;能参与支持协助天地的进化,便可以与天地并列为三,从而达到"天地人"融为一体——人与自然和谐统一。

唯天下至诚,能创世间奇迹。至诚就是良知完全呈现的境界,而良知本身就是宇宙间最大的奇迹。良知,是大仁善也是大智慧,不仅利他益世,也是每一个人安身立命的唯一选择。通过人的"参赞"作用,让自然万物按照天道自己

"化育"，人类和自然界自然会建立一种协调关系，整个生态系统自然会形成一种优化平衡的状态。这种生态理想虽以农业社会和自然经济为基础，但它的基本观念具有恒久的普遍意义，至今仍能给我们提供极有价值的启示。因此，人在自然界的最重要的作用就是"参赞化育"，即人与自然和谐发展，共同向更高层次演化。

(三)人自身的发展

1. 道德修养是核心

儒家学说的精髓可概括为"道—德—学"。儒家的"道"，也称作"天道"，是和"天命"、"天理"属于同一范畴的概念。从哲学上来说，它至少包括两层含义：其一，"道"是宇宙万物发生的本原；第二，它不仅是这样一个本原，而且是宇宙万物生成并贯穿其存在始终的那个本性或原理。和道家一样，儒家也把"道"作为自己的信仰和追求。"德"即德性，指人的品质和品性。孔子曾说："天生德于予。"在儒家看来，德性是上天赋予人类的高贵本性。天的道德意义即包含在创生之中，这种创生具有内在的目的性，此即所谓"天德"。也就是说，作为事实的存在与作为价值的存在实际上是同一的、整体性的，而孔子所强调的是，自然界不是被知性所认识的对象，而是人的德性的自然根源。正因为人有了道德意识，人与禽兽就区别开来了，人就具备了独特的内在价值，也就有了做人的尊严。"学"不仅是单纯的学习知识，也是一种实践的活动，是学习如何做一个好人的自主的实践活动。儒家经典《论语》全面阐述了为己之学与为人之道，强调一个人要注意修己、克己，注重学习与训练，培养自己多方面的品质，尤其要注重个人的道德修养。《大学》中也说："自天子以至于庶人，壹是皆以修身为本。"可见，修身是做人的基本要求，其要旨就是如何按善的原则来设计和塑造人，使人真正成为人。

人的发展过程不仅仅是生理上的躯体成长，更重要的是精神上的发展，道德上的进步。孔子说："吾十有五而志于学，三十而立，四十而不惑，五十而知天命，六十而耳顺，七十而从心所欲，不逾矩。"这是通过长期修身养性而获得的一种万物一体的感受和达到内在精神统一后的心灵和谐。孔子的"随心所欲不逾矩"可以说是一种"学而知""道"的境界。在这种境界之下，可以使人摆脱世俗物欲的束缚，进入一个"仁者浑然，与物同体"的境界。

儒家有重"义"轻"利"、重"精神"轻"物质"的倾向，但并未走向极端，而保持中庸之道。但无可否认的是，针对现代社会物欲过度膨胀、心理失衡、道德滑坡等现象，儒家重视人的身心和谐发展、追求精神价值与物质价值统一的思想，对于人们摆脱物欲困扰，脱离低级趣味，重树正确的人生目标具有重要的启迪意义。

2. 人的发展与社会发展的和谐统一

儒家修身的目的并不是个人生活的安逸和生命的永恒,而是要以天下为己任,用个人的德行造福他人与社会,以仁义行天下,把治国平天下作为更高的人生追求。《大学》提出了影响深远的"三纲领"与"八条目",即"明明德、亲民、止于至善",以及"格物、致知、诚意、正心、修身、齐家、治国、平天下"。《大学》言:"古之欲明明德于天下者,先治其国;欲治其国者,先齐其家;欲齐其家,先修其身;欲修其身者,先正其心;欲正其心者,先诚其意;欲诚其意者,先致其知;致知在格物。物格而后知至,知致而后意诚,意诚而后心正,心正而后身修,身修而后家齐,家齐而后国治,国治而后天下平。自天子以至于庶人,壹是皆以修身为本。"这段文字简练地概括了儒家思想的精髓,把"修身"提到"治国、平天下"的起点高度,把"正心诚意"与"齐家治国"在儒学内部有效地联系起来。而其基本条件在于抵御对物质的贪执,只有这样才能开启心灵的智慧之门。

儒家把社会、家庭、个人看作是一个统一的整体、一个大家庭,将个体的发展与家庭及社会的发展联系起来进行省察,主张用仁爱的精神来对待这个大家庭中的每一个成员。儒家"内圣外王,治国平天下"的追求,是把国家社会的发展看作更高理想,把个人抱负与治理国家社会的责任统一起来,把个人前途与国家前途命运统一起来。正如张载所说:"为天地立心,为生民立命,为往圣继绝学,为万世开太平。"这个观点几乎代表了所有中国有志之士的人生理想和抱负。

3. 人的发展与自然发展的和谐统一

天人合一论的哲学含义就是,自然界为人类的生存和发展提供了一切资源和条件,但更重要的是,它赋予人以内在德性和神圣使命,要在实践中实现生命的最高价值——"与天地合其德",而不是满足不断膨胀的物质欲望。

所谓"天道流行"、"生生不息"之说,就是指自然界具有内在的生命力,它不断创造生命,自然万物也充满了生命力。正因为如此,自然界是有内在价值的,所谓"天道"、"天德"就是自然界的内在价值。就人与自然的关系而言,自然界是人的生命的来源,也是人的生命价值的来源。人虽然有创造力,但人绝不是自然界的"立法者",而是自然界内在价值的实现者和执行者。人的生命是可贵的,但人之所以可贵,就在于"天德","与天地合德"。所以,孔子主张,人在与自然和谐相处中而得到人生的乐趣和价值。

西方文化有"在上帝面前人人平等"的观念,而在中国文化中则有"在天地面前,人与万物平等"的观念。前者是人类中心论的,而后者是非人类中心论的。所谓"天地万物一体"的境界,是人与自我、人与人、人与自然实现整体和谐的最高境界,也是人的价值的全部实现。

二、道家思想

(一)整体的世界观

道教以"道"作为自己的最高信仰。在道教教义中,"道"乃造化天地万物之根本,是天地万物存在的最终依据,即所谓的"道生一,一生二,二生三,三生万物"。《太上化道度世仙经》称"道乃天地阴阳之母,五行万物之宗",认为"人与物类,皆秉一元之气而得生成",世间的一切皆由"道"演变而来。万物皆以"道"为源泉和存在依据,都分享了同一个"道",孟安排在《道教义枢》中提出"一切含识乃至畜生、果木石者,皆有道性也"。《西升经》也称"道非独在我,万物皆有之"。道是真实存在的,道的存在"独立而不改,周行而不殆"。所以世间万物互相依存、不可分离,"天地与我同根,万物与我同体","人身一小天地,天地一大人身"。《黄帝阴符经》教人们依照天道行事,掌握天、地、人之间的相互依存关系。它说:"天生天杀,道之理也。天地,万物之盗。万物,人之盗。人,万物之盗。三盗既宜,三才既安。""天人同体"、"三才相盗"的思想体现了道教的整体观念,甚至达到与对象合而为一、互相转化的物我一体的境界,如庄周梦蝶中的人与自然完全融为一体。道教徒终身追求的长生成仙就是为了达到"与道合一"、"与宇宙同体"的境界。道家关于"天人合一"、"三才相盗"的整体观对于建立现代环境伦理思想、更好地保护自然生态环境的确是一种启迪的源泉。

(二)"天道无为"的自然观

由于自然环境与人是和谐一致的整体,人只是这个整体中的一部分,人应该"视天地当复长,共传其先人统,助天生物也,助地养形也"。人也只有与周围的一切和谐相处才能保证自己的生存和发展。道教于是提出了"自然无为"的自然观,要求人类遵循自然规律,不要"反其道而行之"。《道德经》提出"人法地,地法天,天法道,道法自然",老子认为人、地、天、道、自然是有着整体性的关系链。在这个关系链中,自然占据着十分重要的作用,一切最终都法自自然。"自然"一词可以代表整个宇宙自然界,也代表自然界的秩序。其本来意义是自己如此、自来如此、本来如此、永远如此,没有什么东西能决定它、主宰它,它就是存在本体的本来状态,也是自然万物的本来状态。生命就是在这样的状态中生成和发育成长的,并没有任何目的,即"道常无为而无不为"。道家主张"任物自然"、"因应物性"、"天道自然无为",让所有的自然物"自足其性"。

道教"任物自然"的主张反对把人的意志强加给自然,人为地干涉、破坏大自然的进程。道教指出人与外界环境存在着因果报应的关系。如果人能顺应自然,善待自然,则天下太平、和谐,万物勃发、茂盛,人们于是得到大自然无私的馈赠;如果人为地破坏自然,则会遭到大自然的报复,出现天灾人祸、万物凋零的惨状。这与生态学定律"自然界最懂得自然"是完全相通的。因此,我们要放弃过去那种"自然征服论",遵循自然规律,与自然和谐相处。

(三)"返朴归真"的人生观

"自然"是人的最本真的存在,也是人性的基础;同时,"自然"又是人生的最高目的,也是"天人合一"境界的最高体现。原始自然状态包含着无限的丰富性与发展潜力,同时展开为人的精神生活的发展历程,其最终完成就是"复命",即实现自然目的,进入道的境界。

人性之自然具有两个最重要的基本特征:一是素朴性,二是无私性。所谓"素朴",是指本来的素质而言,是自然赋予个人的最宝贵的生命原型。其特点是没有受到人为的文饰和雕琢,更没有被人的华丽辞藻和掩饰性行为所伪装,是真正的"本来面目"。能保持自然素朴之性的人,就如同婴儿一样,天真质朴,"无知无识",实际上却有无限的丰富性、完整性。"回归自然"就是回到人的完整性,保持人的丰富性,而不要"分解"。老子认为,人本来是完整的人,正因为如此,才具有无限的潜力与可能性,如果一味地用智,追求外在的知识,就会丧失人的完整性,就会造成人的分裂。"朴散则为器",人类以其知识创造了许多东西,但人的完整性因而也就丧失了许多,人也就变成了机器。因此,他主张"大制不割",即尽量保持人性的完整性。显然,老子已经明确地意识到,单向的知性发展,会造成人性的分裂,导致对自然的破坏,这不仅影响到人类生命赖以生存的基础,而且影响到人类生命本身。

在老子看来,人类智力的运用、知识的增加是同人的欲望的不断膨胀相联系的,而人的欲望是无止境的。"自然"恰恰是限制人的欲望的,"自然"只是按照生命本身的法则发展,并不需要人为的欲望和知识增加什么、改变什么,因而,人需要自然德性的修养。"素朴"是"自然"的本来样子,但并不是完全的自发态,它是一种内在的潜力,需要人的保护和开发,即需要自身的修养。"修之于身,其德乃真",是老子修养论的核心。其不是回到原始蒙昧状态,而是保持自然德性的充实与完善,使生命得到充分发展,这才是"素朴"的真实含义。"含德之厚,比于赤子",如同赤子一般天真、质朴、真诚,这实际上是人生的一次自我超越,也就是"大智若愚"、"上善若水"、"上德若谷"、"明道若昧"的意思,这才是人生的本真。

其次,"自然"之性还具有"无私"的品质,也就是老子所说的能"容"、能"大"、能"公"的品质。自然之道只是发育、生长万物,并无任何偏私。但天道即无偏爱,却能生成万物,并能与人为善,因为自然界在其生命创造中有一种内在的目的性,予人以德,使人为善。天道如此,圣人也应如此。圣人者以天道为其道,其德即为"玄德"。"玄德"之人正是无私之人,真正体现了天道之"自然"。所谓"圣人不仁,以百姓为刍狗",只是说不为百姓"施舍"什么,他只是行"无为之治,不言之教",使百姓实现"自然"之性而已。这不是小恩小惠之仁,而是至公至大之仁。老子又说:"天长地久。天地所以能长且久者,以其不自生,故能长生。是以圣人后其身而身先,外其身而身存,非以其无私也?故能成其私。"天地生育万物是无私的,绝不是为了自己,以自己为万物之主,故能长久。圣人之所以为圣,就在于把自己放在后面,不是为了自己,所以反而成就了自己。

总之,从人性上说,回到自然就是回到人的本真的存在状态,同时也是实现人的生命意义和价值,"见素抱朴,少私寡欲",即要抱道守真,怡养生命的真元,使之不为物欲所诱惑,不为私心杂念所困扰。这需要在人生中完成一次超越。人与自然绝对不能分离,人生于自然,只有与自然之道合而为一,才能实现人生的终极价值。

(四)"损有余而补不足"的社会观

道教中的"承负"概念涉及代际公平,警示当代人不要为后人留下债务,否则,子孙后代"必有余殃"。《太平经》上说:"承者为前,负者为后;承者,乃谓先人本承天心而行,小小失之,不自知,用日积久,相聚为多,今后生人反无辜蒙其过谪,连传被其灾,故前为承,后为负也。负者,乃先人负于后生者也。"这里的"承负"意为:如果先人犯有罪过,积过很多,必报应于后人;如果先人积功很多,后人也能得到先人之功的庇护。在环境方面尤其如此。在中国,人们常说:"前人栽树,后人乘凉",这些都是人类在对待自然环境方面的正向"承负"。《太平经》还谈道,个人要前承五代,后负五代,前后共十代为一个承负周期,即"因复过去,流其后代,成承五祖。一小周十世,而一反初"。其实,对于资源和环境问题来说,一代人的功过有时还远远不止"前承五代,后负五代"。秦汉时期黄河流域大规模毁林开荒给中华民族带来无穷后患就是一个很好的例证。道教的"承负"说提醒人们为了子孙后代的利益,当代人要多做有利于生态环境的事,在资源的利用上,不要涸泽而渔、杀鸡取卵,为后代人留下生存和发展的空间。

道教中的"周穷济急"、"有财相通"的思想充分体现了可持续发展的公平性和共同性原则。《道德经》讲"天之道,损有余而补不足"。《文昌帝君阴骘文》劝人们道:"济急如济涸辙之鱼,救危如救密罗之雀。矜孤恤寡,敬老怜贫。措衣食周道路之饥寒,施棺椁免尸骸之暴露。家富提携亲戚,岁饥赈济邻朋。"道教教导人们"有财相通",不能把财物据为私有,一人独占。《太平经》上说:"财物乃天地中和所有,以供养人也。此家但遇得人聚处,本非独给一人,其有不族者,悉当从中取也",经上还说:"或积财亿万,不肯救穷周急,使人饥寒而死,罪不除也"。

三、中西方文化渊源与哲学背景的对比

（一）西方文明

公元前 5~4 世纪,希腊哲学家留基波和德谟克里特创立的"原子论",代表了当时西方的自然观,也就是一种朴素的唯物主义哲学思想。它主张万物皆由微小不可分的粒子——原子组成。文艺复兴之后,提倡科学理性便成为主流哲学精神。所谓科学理性,是以科学认识与方法为特征的理性,其根本精神是求真,知识具有最高价值,认为原则上没有自然科学解决不了的难题。但是,进入工业社会以后,这种科学理性精神已经工具化为技术理性,科学本身不再是目的,而真正的目的已经演变为满足人的欲望(即工具理性)。

西方文明的文化理念的核心就是:征服、占有、支配。西方文明的优势则在于,人权得到了更充分的保障,人民获得了更多的自由、民主、平等。

（二）中华文明

华夏先民的自然观是"元气论",主张世界由气构成。由"元气论"演化而来的宇宙观就是"气分阴阳,相反相成,互为消长,变化不止,生生不息"。这一宇宙观集中反映在中华宝典《周易》中。《周易》的核心思想就是追求一个"和"字。《周易·乾卦》中说道:"乾道变化,各正性命,保合太和,乃利贞。"足以为证。这个"和",指人类、自然界和社会和谐相处。产生于华夏大地的道教,其始祖老子主张"人法地,地法天,天法道,道法自然";"万物负阴而抱阳,冲气以为和,"这与《周易》的思想是完全一致的。宋代张载在《正蒙》中说:"有像斯有对,对必反其为;有反斯有仇,仇必和而解。"如果按照"斗争"哲学,"仇必仇到底"。这样,两个对立面只好同归于尽,导致统一体的破坏。宇宙的正常状态是"和",一个社会的正常状态是"和",人类目标和行为的正常状态也是"和"。"和"是生态文明的世界观和方法论。简而言之,中华源文化的核心就是一个"和"字,就是主张顺应自然,和谐相处,"和而不同"。

中华哲学自古以来提倡的是情感理性,即指人类共同的、具有道德意义的情感(道家的"慈",儒家的"爱")。情感理性实际上是一种价值理性,因为价值正是由情感需要决定的。只有承认人类的共同情感,才能建立起共同的、普遍的价值理性(蒙培元,2004)。中国传统哲学对自然界有一种很深的敬畏之情和感恩之心,正因为如此,天人之间才经常具有心灵的沟通,中华民族才充满了生命力,成为全世界唯一以国家形态传承,而又同根、同文、同种独自延续几千年

的民族。这不能不归功于基于情感理性、以"和"为最高境界的中华文化,以及由此衍生出的伦理、制度和生活方式。

由上可见,中华传统文化与西方文明从思维方式到道德伦理具有本质的区别。西方有机械主义自然观,中华则有中和有机自然观;西方有人文主义伦理观,中华则有和谐生态伦理观;西方有二元对立进化论,中华则有天道人道融通论。

(三)中国传统文化过时了吗?

有人认为,中国传统文化已经过时了,已经不能适应现代社会的发展潮流了。中国传统文化经历几千年来,有了一定程度的发展,同时也的确掺杂、演变出了一些糟粕。

中国传统文化中最大的问题在于人权精神的先天性欠缺。人权精神是一种人在人与自然、人与社会、人与自我的对立关系中先行承认个人、并视个人为首要的道德良知和道德价值判断主体的精神。它是民主的思想灵魂和制度归宿。然而,中国人在思维层面,重情感轻理性,重义理轻器物,重综合轻分析,重体悟轻逻辑,重经验轻技术,这是导致中国人的人权精神慧根早发却难以萌出发展的认识论、方法论上的原因;在文化层面,中国人表现出以"义"的追求压抑"利"的欲念、以群体观念压抑个体意识、以国家权力压抑个人主权的强韧趋势,致使中国人的人权精神无力发展(齐延平,2007)。

我们不应该盲目陶醉于自己悠久的历史和文化。中国文明实际上是一种断代文明。中国从封建文明后就没有进步。中国的近代和现代文明都是照搬西方文明。近代以来,多少仁人志士一直试图从传统文化与现代文化、东方文化与西方文化的交融互惠中寻求突破。从中国的历史和文化角度来看,中国面临的最大困难之一,就是人的问题:个人得不到社会的足够的尊重,人内心潜藏着巨大的不和谐因素,如果得不到关注、缓解和释放,会继续引发社会问题,破坏社会稳定,妨碍生态文明的进程。

然而,中国传统文化真的过时了吗?早在1972年,英国著名历史学家汤因比与日本宗教和文化界著名人士池田大作就预言:人类必将因为过度的自私和贪欲而迷失方向,科技手段将毁掉一切,加上道德衰败和宗教信仰衰落,世界必将出现空前的危机(汤因比,池田大作,1997)。两位伟大的思想家还有着惊人的共识,就是拯救21世纪人类社会的只有中国的儒家思想和大乘佛法,所以21世纪是中国的世纪。1988年1月,在巴黎召开的"面向21世纪"第一届诺贝尔奖获得者国际大会上,75人在为期4天的会议中得出16个结论,其中之一是:如果人类要在21世纪生存下去,必须回到2 500年前,去汲取孔子的智慧。阿尔贝特·史怀则认为,中国传统哲学以奇迹般深刻的直觉思维,体现了人类最高的生态智慧。近年来,越来越多的西方有识之士又将目光转向东方、转向中国。为了解决生态危机和社会危机,西方人开始琢磨我们中华文明的古老文化。西方精英人士对中国传统文化的看法,对当前趋之若鹜的崇尚和追求西方主流价值观和生活方式的中国人无疑是个巨大的讽刺。其实,去除了糟粕,中国传统文化就只剩下了精华。

总之,中国传统文化中的儒释道三家都在追求人与自然、人与人和人与自我的和谐统一。儒家更加入世,道家更加出世,而佛家的"空性"与"慈悲"将出世观与入世观进行了互补,并实现了完美的统一。中国传统文化中的生存智慧,几千年来不断体现在中国的政治智慧以及中国人的生活智慧上。这种智慧不仅存在于圣贤典籍中,还通过家族和礼仪牢牢地在基层社会中扎下了根。在传统社会中,大到国家制度、施政方针,小到士农工商、琴棋书画,古代圣典中的大道和世俗官民生活中的小道融会贯通,相辅相成,共同构成了根深叶茂的参天大树(潘岳,2009)。

第三节 中国的生态文明之路

一、中国环境问题现状

改革开放以后,中国经济增长迅猛,走的仍是"高投入、高消耗、高排放、低效率"的传统工业化模式,很多龙头产业是高耗能高污染产业,如矿产、纺织、冶金、造纸、钢铁、化工、石化、建材等。基础资源枯竭与环境成本加大将严重制约中国经济增长。

中国对工业污染的防治,在20世纪90年代以后有了很大的进步。2000年与1986年相比,尽管GDP和工业总产值分别增长了7.6倍和6.7倍,而废水排放总量、SO_2排放总量和工业固体废物排放总量则分别上升了24.5%、65%、20.2%,而COD排放总量、烟尘排放总量分别下降了38%和14.7%。但是中国的工业污染已经到了十分严重的地步。此外,城市环境问题受到高度重视,并在局部有所缓解。农村环境问题呈日益蔓延和加重的趋势。环境问题与其他社会问题交叉、重叠,解决的难度日益加大,经济发展问题、贫困问题、社会风气问题、社会失范问题,尤其是中国的人口问题,都加剧了解决环境问题的难度。

2006年4月中国总理温家宝在中国的第六次全国环境保护大会开幕式上说:"转变发展观念,创新发展模式,提高发展质量,把经济社会发展切实转入科学发展的轨道,从环境保护滞后于经济发展转变为环境保护和经济发展同步,努力做到不欠新账,多还旧账,改变先污染后治理、边治理边破坏的状况"。

如今,中国政府已经清楚,不走西方先污染、后治理的老路,不是意识形态的问题,而是"能与不能"的问题。答案是"不能",原因在于,第一是中国发动工业化的时间太晚了。欧美日在发动工业化时积极进行海外扩张,通过殖民地的原料和市场积累起雄厚的工业资本,即是说,他们起飞的资源环境成本是全世界买的单。中国开始改革开放时,他们已经发展了几百年,早就划定分割完了所有的国际规则与市场,中国的环境成本转移不出去。第二个原因是中国的人口资源环境结构比欧美差得太多,没有本钱跟人家拼消耗。发达国家在人均GDP为8 000～10 000美元的时候解决了环境问题,中国支持不到那一天,当中国人均GDP达到3 000美元时,环境危机可能夹带着其他社会问题提前来到,中国所取得的那点经济成果根本无法抵挡。中国必须不惜代价提前解决中国环境问题。

21世纪以来,虽然中国政府力推"可持续发展",但由于对地方政府的考核没有相应变化,部分地方政府的工作偏重于短期的考虑,与较长期的可持续思想和理念背道而驰。这个情况在中国开始"可持续发展"战略后延续了5～10年时间,直到中共十六大以来"科学发展观"在中国形成,并逐渐建立起对政府官员的"绿色GDP"考核,才有了较大的改观。

在当前全球环境危机加剧变化的背景下,世界也在关切,作为负责任的大国,又是一个人口数量和经济规模庞大的发展中国家,中国处理环境问题的经验与教训将给供众多发达和发展中国家提供哪些借鉴?

二、生态社会主义是中国特色社会主义的方向

(一)什么是生态社会主义?

20世纪中叶,人类社会基本矛盾出现了新形势:一方面,人与人的社会关系矛盾不断激化;另一方面,人与自然的生态关系矛盾不断激化。马克思在说到人类社会历史转变时说:"转变的顶点,是全面的危机。"进入21世纪以来,这种全面危机达到它的顶点,这预示着人类文明史一次根本性转变的到来,即人类从工业文明时代转变到生态文明时代的时机的到来。

生态文明的社会形态是生态社会主义。马克思主义历史观认为,人与人的社会关系、人与自然的生态关系,两者是相互联系不可分割的,"人与自然界的和谐"是马克思主义社会历史观的根本观点。

所谓"生态社会主义",是社会主义原则与生态学原则结合,人与人社会关

系矛盾分析和人与自然生态关系矛盾分析的统一。社会主义原则是工人阶级组成政党,通过革命夺取政权取代资本主义,消灭剥削,实现生产资料公有制,社会平等、正义和共同富裕。生态学原则是,世界是"人—社会—自然"复合生态系统,地球是有生命的有机整体,人的社会关系和生态关系是相互联系的。生态社会主义由于将生态学原则与社会主义相结合,是对社会主义本质的重大发现,即社会主义在本质上是生态社会主义。

(二)生态社会主义是中国特色社会主义的方向

生态社会主义作为生态文明的社会形态,它是人类新社会。怎样建设生态社会主义,这是由时代的性质决定的。当今时代作为一个新时代,是从工业文明到生态文明过渡,建设生态社会主义的时代,一个世界历史根本性变革的时代。它由超越工业文明建设生态文明实现。

社会主义革命取得胜利的国家,如果仍然遵循工业文明的模式进行建设,那么,社会基本矛盾是不可能有根本性转变和解决的。例如,就现实进程而言,无论是苏东社会主义、中国社会主义,或其他国家的社会主义,虽然通过革命取得政权,但是在建设社会主义、发展社会主义的道路上,仍然主要采用传统工业模式,无论在哲学世界观、价值观和思维方式方面,还是生产方式和生活方式方面,占主导地位的仍然是按照传统的工业文明模式发展的。这是难以解决历史积累的社会基本矛盾的,需要社会发展模式转变,从工业文明模式到生态文明模式发展。这是社会的全面转型。

我们已经进入一个新时代,但是仍然用旧时代的模式——工业文明模式思考和行动。这是不可能解决社会和自然基本矛盾,建设出一个新世界的。这种基本矛盾只能超越工业文明模式,在新的文明模式(生态文明模式)范围内才能得到解决。因而,"生态文明"作为全面建设小康社会的奋斗目标被写入中共十七大报告,中国政府把建设生态文明、发展生态社会主义作为中华民族的历史使命,这是一次伟大的社会转型。它需要一系列转变,首先需要的是哲学世界观、价值观和思维方式的转变,以及生产方式和生活方式的转变。在这里,生态文明的社会形态是生态社会主义;生态文明的哲学形态是整体主义的环境哲学;生态文明的生产方式是通过生态产业发展循环经济;生态文明的生活方式是绿色的简朴生活。

三、中国建设生态文明的机遇与挑战

(一)西方国家失去先机

生态文明是人类新文明。它本应在发达国家首先兴起,因为工业文明率先在那里发展并取得最高成就,又在那里首先暴发生态危机,获得新文明建设的强大动力。虽然美国有识之士提出,"工业生态系统"作为占主导地位的制造方式,要成为国家最终目标,推行这种战略,美国就可以在21世纪的全球经济中进行有力的竞争。但是现实表明,由于第一,他们运用强大的科学技术和工业力量,建设庞大的环保产业,进行废弃物的净化处理,环境质量有所改善,生态危机有所缓解,从而失去生态文明建设的迫切性。第二,他们的发育和完善的工业文化有巨大的惯性,包括思维模式惯性、生产和生活方式惯性,形成强大的历史定势。这是很难突破和改变的。例如,他们按照传统工业模式的线性、非循环思维对待环境问题,延续传统线性工业模式发展经济,这样他们就失去了率先发展生态文明的机会。

这里的实质是,工业文明已经"过时"了。西方发达国家沿用线性思维,运用传统工业模式发展经济和对待环境问题,这样就失去了向新经济转变的机会,而为中华民族提供了机会。

(二)中国的机遇与挑战

中国在短短的20多年时间里,经济高速发展,迅速实现工业化。当发达国家依靠环保产业、产业升级和污染转移,一个又一个地解决环境污染问题时,中国的环境污染、资源短缺问题全面综合地凸现出来,成为严重制约经济发展的因素;同时社会和民生问题又与之错综复杂地交织在一起,成为一个非常复杂的问题,给中国提出了非常严峻的挑战。

对此,中国人给出了一个答案,从文明的最高角度创造性地提出生态文明论。这是500年来中国在先进文明领域的第一次创新。然而,由于中国发展现状极其特殊,世界上没有一个国家的成功经验可以帮助中国解决当前的所有问题。

这种复杂性和历史使命的特殊性是一个巨大的挑战,又是一个伟大的动力。它使我们逐步认识到,按西方工业文明模式来发展已经没有出路,必须要依靠自己的经验,依靠自己的探索和尝试。中共十七大报告写明"生态文明"的目标,这意味着中国正在改变生产方式,建设环境友好型社会、资源节约型社会、人与自然和谐发展的社会。现在发展循环经济已经成为政府行为,十七大报告进一步提出"循环经济形成较大规模"的目标。这一切表明,中国特色社会主义建设实际上正在试图走向生态文明的发展道路。

(三)中国建设生态文明的优势

中华民族具有伟大智慧和强大生机,有能力率先在地球上点燃生态文明之光。

第六章 中国的生态文明：历史传统与现代挑战

首先，我们有条件。一方面，30 年来改革开放的事业进展很快，生产力快速发展，人民物质生活有了改善，综合国力大幅提升，国际地位显著提高，国家现代化有了进展，为建设中国特色社会主义奠定了强大的经济和坚实的科学基础。另一方面，中国有宝贵的人与自然和谐的思想和传统。中国哲学思想的核心和精髓是"和而不同"。"天人合一"、"和为贵"作为宝贵的思想资源，建设人与自然和谐的社会，这是我们的优秀传统，是有伟大根基的。其次，新时代世界的历史性变革，为中华民族建设生态文明提供了宝贵的战略机遇。在人类历史上，中华文明曾经达到农业文明的最高成就，中国在 2000 多年的时间里成为世界的中心，对人类文明作出了伟大的贡献。只是 100 多年来中华民族沉睡和落伍了。因为成熟和完善的农业文明的强大惯性，完善和高稳态的封建社会制度，中国失去率先向工业文明发展的机会。进入 21 世纪，中国政府提出"人与自然和谐"的发展观，确立了走生态文明的发展之路，是在透彻了解和把握中国近代历经磨难的史实的成因，进而唤起的民族责任感和历史使命感的背景下，对中国传统文化精髓的积极的传承和提升。

生态文明建设作为新的历史起点，我们要抓住和运用好这个战略机遇，走中国人自己的道路，加快生态社会主义建设进程，以生态文明之光引领世界的未来。生态文明的建设必需依赖全世界，而世界依赖中国！中国能否在提升教育层次、促进教育多元化发展、保障人权、实现社会公平与正义等方面找到行之有效的方法并努力推行，能否下定决心，脚踏实地，逐步建立起广泛的社会主义民主体制——身为中国人，能否为了中华民族以及全人类的福祉而做出明智的选择，这是对当代中国人良知与智慧的一次严峻的历史性考验。

结 语

从古至今,生命的本质是什么?生命的意义何在?一直是困扰人们的问题。古希腊哲学家苏格拉底早就提出"认识你自己",它被刻在阿波罗神殿的石柱上,成为人们千百年来追求生命领悟的至高源头。

一个人走在漆黑的野外,野地上既有食物、金钱,也有暗沟、陷阱。为了生存,他要不辞辛劳地到处寻找食物和金钱。而他的手里有一盏灯,点亮这盏灯会照亮他的四周,让他能够发现食物和金钱,也能及时躲避阴沟和陷阱。这盏灯需要他经常呵护,才能放出明亮的光。这种呵护会耽误他寻找食物和金钱的时间。但是灯越亮,他就能看得越远,就能更容易地找到食物和金钱,避开陷阱,他就会感觉越轻松,就有更多的时间。他这时已开始为了用自己的灯来点亮他人的灯而努力并欣喜于此,他已经开始感受到生命的快乐与自在。

人要生活得富足和快乐,对自性和世界的充分认识和理解是关键。这个世界既有淤泥,也有莲花,我们常常赞叹莲花出淤泥而不染的高贵品格。或许,人在生活中应该总处在挣两份钱的状态。一份钱可以买食物,另一份钱就可以买鲜花。有人会问:有必要这样做吗?回答是:用一份钱可以使生活成为可能,用另一份钱可以使这个人的生命有价值。人生属于自己,应该由自己作出选择。最遗憾的人生,就是一辈子都在谋生。

所以,为了实现人与自我的真正和谐,我们才需要了解"道",进而了解人生的根本价值和意义。人生旅途极其迂回曲折的苹果计算机创始人史蒂夫·乔布斯(Steve Jobs)在斯坦福大学的毕业典礼演讲中引用了一句话:Stay hungry, Stay foolish!(坚持饥渴的求知而不松懈自满,坚持愚直的努力而不投机迎合)。这既是给当时在座的所有斯坦福的优秀毕业生的赠言,也是他多年来给自己的祝福和心愿。只要你选对了道路,并坚持认真地走下去,不因所谓的聪明才智局限自己、定型自己,不以世俗名利为重,不忘内心真正的渴望,你终有一天会自己证得大道。即便生态文明社会离我们还很遥远,你也一定会率先在自己的内心实现生态文明,你的生命也会因此而得到升华。

参考文献

[1] 卞文娟.生态文明与绿色生产[M].南京:南京大学出版社,2009.
[2] 陈剑澜.深生态学运动的政治空间[C].//生态文明研究前沿报告.上海:华东师范大学出版社,2007.
[3] 陈延斌,王体.人与自我身心之际:道德调节的新向度[J].哲学研究,2006,8.
[4] 陈勇,陈霞.道教可持续发展思想纲要[J].宗教学研究,2001,3.
[5] 崔永和,程秀波,杨仁忠,郭利娟.全球化与生态文明论纲[M].北京:当代中国出版社,2002.
[6] 冯友兰.人生中的境界[J].大路半月刊,1943,9(4).
[7] 高德明.生态文明与可持续发展[M].北京:中国致公出版社,2011.
[8] 黄承梁,余谋昌.生态文明:人类社会全面转型[M].北京:中共中央党校出版社,2010.
[9] 姬振海,杨智明,祝晓光.生态文明论[M].北京:人民出版社,2007.
[10] 贾振邦,黄润华.环境学基础教程(第2版)[M].北京:高等教育出版社,2004.
[11] 邝福光.环境伦理学教程(修订版)[M].北京:中国环境科学出版社,2006.
[12] 李跃儿.谁拿走了孩子的幸福[M].南宁:广西科学技术出版社,2008.
[13] 刘力红.思考中医:对自然与生命的时间解读(第3版)[M].桂林:广西师范大学出版社,2006.
[14] 刘湘溶.生态文明论[M].长沙:湖南教育出版社,1999.
[15] 刘元春.共生共荣:佛教生态观[M].北京:宗教文化出版社,2003.
[16] 卢风.从现代文明到生态文明[M].北京:中央编译出版社,2009.
[17] 蒙陪元.人与自然:中国哲学生态观[M].北京:人民出版社,2004.
[18] 南怀瑾.小言《黄帝内经》与生命科学[M].北京:东方出版社,2008.
[19] 潘岳.关于环境与发展问题的几点看法[J].资源与人居环境,2008,10,11.
[20] 潘岳.可持续发展与文明转型[J].资源与人居环境,2008,2.
[21] 潘岳.中华传统与生态文明[J].瞭望,2009,1.
[22] 齐延平.中国人权精神的建设进路[J].宪政手稿,2007,1.

[23] 佘正荣. 生态文化教养:创建生态文明所必需的国民素质[J]. 南京林业大学学报(人文社会科学版),2008,8(3).

[24] 宋青宜. 点亮的神灯[M]. 上海:文汇出版社,2008.

[25] 孙瑞雪. 爱和自由(第3版)[M]. 天津:新蕾出版社,2004.

[26] 孙瑞雪. 完整的成长:儿童生命的自我创造[M]. 北京:世界图书出版公司北京公司,2010.

[27] 孙云晓. 不是孩子的问题[M]. 北京:清华大学出版社,2010.

[28] 王如松. 生态与生态文明[C].//中国生态文明建设的理论与实践. 北京:清华大学出版社,2008.

[29] 王树. 透析童年:让爱走向成熟[M]. 北京:中国妇女出版社,2009.

[30] 夏中义. 人与自我[M]. 桂林:广西师范大学出版社,2002.

[31] 小巫. 给孩子自由:中西理念冲撞中的早教(修订版)[M]. 北京:民主与建设出版社,2008.

[32] 余谋昌. 佛学环境哲学思想[J]. 上海师范大学学报(哲学社会科学版),2006,35(2).

[33] 余谋昌. 生态文明论[M]. 北京:中央编译出版社,2010.

[34] 余谋昌,王耀先. 环境伦理学[M]. 北京:高等教育出版社,2004.

[35] 张进. 儒学的发展观及其当代意义[C].//共建和谐:科学、宗教与发展研讨会文集. 中国澳门:新纪元国际出版社,2009.

[36] 朱清时. 物理学步入禅境:缘起性空[C]. 第二届世界佛教论坛论文集"佛教与科学"分册,2009.

[37] 〔日〕阿部正雄. 禅与西方思想[M]. 王雷泉,张汝伦译. 上海:上海译文出版社,1989.

[38] 〔日〕稻盛和夫. 活法[M]. 周庆玲译. 北京:东方出版社,2005.

[39] 〔日〕江本胜. 水知道答案2[M]. 李炜译. 天津:天津人民出版社,2004.

[40] 〔印度〕克里希那穆提. 爱的觉醒[M]. 胡因梦等译. 深圳:深圳报业集团出版社,2006.

[41] 〔印度〕克里希那穆提. 自然与生态[M]. 凯锋译. 上海:学林出版社,2007.

[42] 〔不丹〕宗萨蒋扬钦哲仁波切. 正见:佛陀的证悟[M]. 姚仁喜译. 北京:中国友谊出版社,2007.

[43] 〔法〕阿尔贝特·史怀泽. 敬畏生命[M]. 陈泽环译. 上海:上海社会科学院出版社,1992.

[44] 〔德〕弗里德里希·包尔生. 伦理学体系[M]. 何怀宏,廖申白译. 北京:中国社会科学出版社,1988.

[45] 〔荷〕李维胡德 B C J. 孩子成长里程：三个七年成就孩子的一生[M]. 薛跃文, 杨亚莉译. 西安：西安交通大学出版社, 2011.

[46] Ayers W. To Teach：The Journey of a Teacher [M]. New York：Teachers College Press, 1993.

[47] Capra F. 转折点——科学、社会、兴起中的新文化[M]. 冯禹, 向世陵, 黎云译. 北京：中国人民大学出版社, 1989.

[48] Carson R. Silent Spring [M]. Boston：Houghton Mifflin, 1962.

[49] Carter J. 我们濒危的价值观：美国道德危机[M]. 汤玉明译. 西安：西北大学出版社, 2007.

[50] Cloud H, Townsend J. 过犹不及：如何建立你的心理界限[M]. 蔡岱安译. 成都：四川大学出版社, 2003.

[51] Costanza R, d'Arge R, de Groot R, Farber S, Grasso M, Hannon B, Limburg K, Naeem S, O'Neill R V, Paruelo J, Raskin R G, Sutton P, van den Belt M. The value of the world's ecosystem services and natural capital [J]. Nature, 1997, 387.

[52] Cunningham W P, Cunningham M A, Saigo B W. Environmental Science：A Global Concern (7th edition) [M]. New York：McGraw-Hill Companies, Inc, 2003.

[53] Dale T & Carter V G. 表土与人类文明[M]. 庄峻, 鱼姗玲译. 北京：中国环境科学出版社, 1987.

[54] DesJardins J R. 环境伦理学[M]. 林官明, 杨爱民译. 北京：北京大学出版社, 2004.

[55] Gordon T. 父母效能训练手册：让你和孩子更贴心[M]. 宋苗译. 天津：天津社会科学院出版社, 2009.

[56] Gore A. 濒临失衡的地球[M]. 陈嘉映等译. 北京：中央编译出版社, 1997.

[57] Hay L L. 生命的重建[M]. 徐克茹译. 北京：中国宇航出版社, 2008.

[58] IPCC. Climate Change 2007：Synthesis Report [R]. http：//www.ipcc.ch, 2007.

[59] Leopold A. 沙乡年鉴[M]. 侯文蕙译. 长春：吉林人民出版社, 1997.

[60] Montessori M. 童年的秘密[M]. 金晶等译. 北京：中国发展出版社, 2006.

[61] Naess A. Self-realization：An Ecological Approach to Being in the World [M]. Perth：Murdoch University, 1986.

[62] Neill A S. 夏山学校[M]. 王克难译. 海口：南海出版社, 2006.

[63] Peck M S. 少有人走的路[M]. 于海生译. 长春：吉林文史出版社, 2007.

[64] Pepper D. 生态社会主义：从深生态学到社会正义[M]. 刘颖译. 济南：山东大学出版社，2005.

[65] Rolston III H. Environmental Ethics：Duties to and Values in the Natural World [M]. Philadelphia：Temple University Press，1988.

[66] Sahlberg P. Finnish Lessons：What Can the World Learn from Educational Change in Finland [M]? New York：Teachers' College Press，2012.

[67] Satir V. 新家庭如何塑造人[M]. 易春丽等译. 北京：世界图书出版公司，2006.

[68] Smith A. 道德情操论[M]. 谢宗林译. 北京：中央编译出版社，2008.

[69] Tolle E. 当下的力量[M]. 曹植译. 北京：中信出版社，2007.

[70] Toynbee A J，池田大作. 展望21世纪[M]. 荀春生等译. 北京：国际文化出版公司，1997.